超初心者向け
SPSS 統計解析マニュアル

統計の基礎から多変量解析まで

米川和雄・山﨑貞政　著

北大路書房

はじめに

　本書は，文系の出身で，まったく統計について理解していない超初心者の方で，これから心理系，医療・福祉系の大学院に進もうと思っておられる方，それらの専門性を高めたいと思っておられる方のために著わされた超初心者向けの統計解析方法の入門書です。特に大学院レベルの基本的な統計解析手法を簡単にマスターできることを意図して著わされており，SPSS社発売の統計解析ソフト（本書では，SPSS*とする）を用いた統計解析手法について詳細に書き記しています。

　これまで，心理学や社会福祉学をより専門的に学ぼうとして，多くの文系出身者が悩みの種としてきたのが，この統計解析についての知識・技術です。特に心理系，医療・福祉系の大学院進学を考えている方々にとっては，大きな壁となっています。たとえ，運良く大学院に進学できても，この統計の壁に意気消沈してしまう方々は多いのです。悪い意味で，統計を扱わない事例研究に逃げていく人も多いのです。

　現在では，社会福祉士等の資格取得にも統計解析の理解は必須となっており，理系の大学等だけでなく，広く，多くの方々に対して，わかりやすい統計解析の講義や書物が求められています。しかし，実際には，なかなか良い講義や書物というものはそう多くはありません。もちろん，今までにも多くの統計解析の書物が出版されていますが，難解な統計解析についての計算式，または，単純な統計解析ソフトの分析方法の手順だけで，わかりやすく統計解析の考え方と実際の分析方法を著わす本が少ない状況にありました。

　筆者も，この大きな統計の壁を乗り越えるためにさまざまな努力を重ねましたが，かなりの遠まわりをしていたと途中で理解することができました。それは，統計の専門家になりたいわけではなく，調査研究や実務に統計を用いたいのだから，難解な数式等のマニアックな領域まで，理解しなくともよいということです。もちろん，読者の皆様に数式等の統計学の知識が必要ないといっているわけではありません。統計解析（統計学）でいちばん言及したい点を理解することで，より簡易に統計を使いこなすことができるようになるということなのです。

　実務レベル，大学院修士レベルの統計技術であれば，大切な点，核となる点を押さえるだけで，統計解析手法を簡単に扱えるようになれるのです。つまり，むずかしい統計解析や統計学の講義を受けなくとも，むずかしい本を何度も何度も読み返さなくとも，調査結果が有効かどうかを理解することはできるのです。そのために必要なのが統計解析の考え方とそのソフトの使用技術なのです。

　本書では，SPSSの使用方法について，基礎的な統計学的観点も含め，超初心者の

方が見ても，わかるように紹介されています。そのため，本書は，これから統計解析方法を簡単に学び，簡単に用いていくことを求めている方にとって，たいへん，扱いやすく，手放せないマニュアルになることでしょう。これまでの統計学，または統計解析にかかわる書物と見比べれば一目瞭然でしょう。

　統計解析は，本来，実務での効果的な活動（援助，治療やウェルビーイングの維持・向上）を理解するための知識・技術であるにもかかわらず，現在では，研究のための知識・技術となっているような気がして仕方がありません。たとえば，2つの要因間（主観的幸福感とソーシャルスキル等）の関連性を示す統計を用いた調査や研究ばかりで，実際の現場での活動（介入）の統計を用いた調査や研究は，非常に少ないのです。

　統計解析がまったくわからない，これまで重きをおいてこなかったというような方々は，数値よりも現場で大切なものに重きをおいてこられたからこそ，わからないということになっている面もあると思います。筆者としては，そのような方たちだからこそ，現場での有効な活動に繋げるための一助として，本書を用いていただきたいと思っております。また学生の方には，これまで膨大な時間を統計に費やしていた時間を少しでも現場での活動の向上に費やしていただくために，本書を用いていただきたいと思っております。なお，統計解析と統計分析は同義ですが，一般に分析の方法の名称には，相関分析や因子分析と"分析"という語が用いられているため，分析方法を示す場合は「統計分析」，それらの総称を示場合は「統計解析」と本書では定義し用いています。

　世界的にも科学的な根拠をもつ援助（エビデンス・ベースド・プラクティス）が求められる中，心理系，医療・福祉系の大学院進学を考えている方々，各現場での専門性を高めたい方々においては，大いに本書を活用いただきたいと願います。

米川和雄

注）SPSS（IBM SPSS Statistics）は一時期，商品名を PASW と表示したことがあり，本文中に掲載した画像に一部その表示が残っているものがありますが，SPSS と読みかえていただきたいと思います。

目 次

はじめに　*i*

第1章　SPSSを用いた分析　*1*

第1節　データを知る——質と量の理解　*1*
第2節　因果関係と分析の種類　*2*
第3節　SPSSとデータ入力　*4*
第4節　仮説検定　*8*

第2章　χ^2検定——データ数の偏りを調べたい　*11*

第1節　χ^2検定とは　*11*
第2節　χ^2検定の実際　*11*

第3章　t検定・分散分析——平均値の差を比較したい　*19*

第1節　平均値の比較をする分析方法　*19*
第2節　t検定　*20*
　1．対応のないt検定（独立したサンプルのt検定）：
　　『1組と2組の成績を比較したい』　*21*
　2．対応のあるサンプルのt検定：
　　『同じ対象者（学生）の中間と期末の成績を比較したい』　*26*
　3．1つの対象だけのt検定（1サンプルのt検定）：
　　『クラス平均と学年平均を比較したい』　*28*

第3節　分散分析——『3つ以上の平均値の差を比較したい』　*30*
　1．分散分析の基本的考え　*30*
　2．1要因で繰り返しのない分散分析：『1組，2組，3組の成績を比較したい』
　　——対応のない1要因分散分析（1要因被験者間分散分析）　*31*
　3．1要因で繰り返しのある分散分析：『同じクラスの中で各科目の成績を
　　比較したい』——対応のある1要因分散分析（1要因被験者内分散分析）　*37*
　4．2要因で繰り返しのない分散分析：『入学時の成績と現在の学習時間で現在の
　　成績がどのように異なるか比較したい』——対応のない2要因分散分析
　　（2要因被験者間分散分析）　*43*
　5．2要因で一方に繰り返しのある分散分析：『課題の量によって試験の成績が
　　変化するか調べたい』——片方にのみ対応のある2要因分散分析
　　（2要因被験者混合分散分析）　*54*

6．2要因で繰り返しのある分散分析：『2つの教授法の違いが試験の成績を
　　　向上させるか比較したい』——対応のある2要因分散分析
　　　（2要因被験者内分散分析）　*64*

第4章　相関分析——データ同士の関連性を知りたい　*71*

第1節　相関分析の種類　*71*

第2節　ピアソンの相関係数　*72*

　　1．分析方法　*72*
　　2．関連性の範囲　*74*
　　3．相関の強さ　*76*
　　4．有意について　*77*

第3節　スピアマンの順位相関係数　*80*

第4節　偏相関分析　*82*

第5章　重回帰分析——データ同士の因果関係を知りたい　*87*

第1節　重回帰分析のイメージ　*87*

第2節　分析方法　*88*

第3節　多重共線性　*95*

第4節　結果のまとめとステップワイズ法　*97*

第6章　因子分析——背景の要因を探したい　*101*

第1節　因子分析のイメージ　*101*

第2節　因子分析の手順——スクリープロット　*103*

第3節　プロマックス回転　*109*

第4節　信頼性係数（Cronbachのα係数）　*115*

第5節　因子の抽出方法について　*118*

第6節　バリマックス回転　*120*

索　引　*125*

第1章

SPSS を用いた分析

第1節 データを知る──質と量の理解

　SPSS を用いるにあたって，まず自分自身がどの程度のことを理解しているかを知ることが必要です。例えば，"データ"って何？　というようなことはないでしょうか。
　データ（data）とは，広辞苑によれば，立論・計算の基礎となる，既知のあるいは任用された事実・数値とされます。例えば，心理学でいえば，仮説を証明していくことが立論で，その基礎となるものがデータ，ならびに，立論のために必要な計算の基礎となるのがデータとなります。任用された事実や数値は，調査により収集された事実や数値と捉えていいでしょう。例えば，男性と女性がどのくらいの割合でいるのかを捉えることは，立論や計算の基礎となるでしょう。このとき，データには質的データと量的データというものがあります。
　例えば，分析できるよう性別においては，男性を 1，女性を 2 としてデータ化していくわけですが，1 か 2 かは上下をつけるためではなく，数値を割り当てているだけです。このようにどちらが上か下かを決めることができずに数値化しているデータを質的データ，一方で，図 1-1 のように上下を決めるために数値化しているデータを量的データといいます。

あなたの1年間の成長度について当てはまるところに○をつけてください。
　1．悪く成長してしまった　　2．成長していない　　3．少し成長した　　4．かなり成長した

図1-1　量的データとなる調査の見本

　初学者は，まずこの根幹となるデータ分類を知っていただきたいと思います。とく

に，質か量か，という分別は，仮説を設定する調査実施の前から SPSS の分析に至るまで求められますので，しっかりと捉えてほしいと思います。

なお調査の尺度を名義尺度（性別，車所有の有無など，数値が計算できないもの），順序尺度（成績の順位など，順序は分かるが差が分からないもの），間隔尺度（摂氏温度など，間隔は一定だが"0"が設定できず，比率がとれない），比例尺度（"0"が設定できる。距離のm，重さのkgなど）の4つに分類する基本的な考えがありますが，名義尺度が質的データで，それ以外が量的データといえます。

第2節　因果関係と分析の種類

本書での統計分析の種類は，ほぼ図1-2に示されるとおりです。どのようなデータをもっているかによって，その分析方法も異なるということを知る必要があります。ただし，本書で取り上げていない分析はより応用的といえます。

	SPSS分析メニュー	分析名称	原因となるデータの質	結果となるデータの質
質的データの比率（第2章）	記述統計―クロス集計表	χ^2検定	質	質
平均の比較（第3章）	平均の比較―独立したサンプルのt検定（対応なし）	t検定	2つの質（1つのデータ）	量
	平均の比較―対応のあるサンプルのt検定（対応あり）	反復測定のt検定（反復測定のt検定や対応ありのt検定）	量（1つのデータ）	量（原因となるデータと同じ尺度）
	平均の比較―1サンプルのt検定（対応なし）	1サンプルのt検定	量（1つのデータ）	量（母集団となるデータ）
	平均の比較―一元配置分散分析	分散分析	3つ以上の質（1つのデータ）	量
	一般線型モデル―1変量	二要因分散分析（二要因以上）	2つ以上の質（2つ以上のデータ）	量
関係性（第4章）	分析―相関―2変量	相関分析	量	量
影響関係（第5章）	回帰―線型	回帰分析 重回帰分析	質・量	量
本書紹介なし	回帰―二項ロジスティック	ロジスティック重回帰分析	量	質
データの分解（第6章）	次元文化―因子分析	因子分析	共通因子	量（原因を予測）

図1-2　統計分析とデータの質

そこでまず理解しておくべきことは，原因と結果がどちらになるかを捉える因果関係です。自分のもつデータが，どのような因果関係を仮定できるかわからない場合には，先行研究から自分なりの"仮説"をもつことが必要です。研究の観点では，探索的に関係性を証明していく調査といえども，この因果関係の観点の仮定は求められま

す。自分なりの考えをもたなくては研究は始まりません。応用的には，1つの分析結果から仮説設定をするという方法もあります。

因果関係とは，例えば図1-3のようなことです。ここでは，健康状態が学習意欲に影響するとしています。このとき，**因果関係のどちらが質的データか，量的データかによって分析の方法が異なります。**

```
「何が」      →    「何」に影響する
（原因）           （結果）
健康状態           学習意欲
```
図1-3　因果関係の設定

もちろんこの因果関係を証明していくといっても，両者の関連性を証明していくということであり，100％という明らかな影響関係を示すことはできません。つまり，学習意欲が健康状態に影響を与えるという見方もあることから，関連性の1つとしての因果関係を仮定し，それを証明していくということになります。大方の分析はこの考えに基づいて行なわれています。しかし，因果関係を厳密に定義していない仮説に基づき，曖昧な原因と結果で関連性を証明したつもりになっている論文が，社会福祉や看護の分野には多いのです。

したがって，SPSSに限らず分析を行なう場合は，常に何が原因で，何が結果なのかということを捉えていくことは必須なのです。なお相関分析は，因果関係というよりもむしろ二要因間の関連性の強さを見ていくものですが，相関分析といえども自分なりの因果関係を想定して分析していくことをお勧めします。なぜなら，近年の研究は，関連性を示すような初歩的な分析はやりつくされており，因果関係やメカニズムまで言及して初めて研究と認められることが多いからです（関連と因果関係の違いは第4章で）。

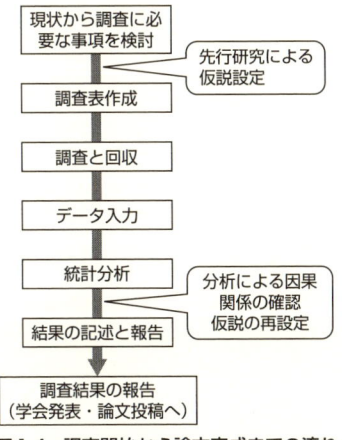

図1-4　調査開始から論文完成までの流れ

調査の分析を行なった結果として，その結果を用いた論文作成とまではいかなくとも，調査結果の報告は調査実施先へすることになるでしょう。そこで，調査結果の報告（学会発表・論文投稿）の流れを図1-4に示しました。

先ほど，因果関係を設定することの必要性を伝えましたが，実際には，統計分析の結果から変更することもあります。この場合，先行研究の再確認も行ない，変更するだけの理由をもつことが求められます。

第3節　SPSSとデータ入力

それでは，SPSSを起動させ，データ入力の準備をしていきましょう。SPSSを起動させると図1-5のように2つのビューが出てきます。図1-5で示されている後ろの画面が通常，前に示されますが，これはデータをファイルなどから選択するか，そのまま手入力をするかを選択する画面です。今回は，×で閉じてもらってもいいですし，〈データを入力〉にチェックし，〈OK〉で消してもらっても構いません。どちらにしても，既存のSPSSのデータを開くこともできますし，エクセルファイルをコピーすることもできます。

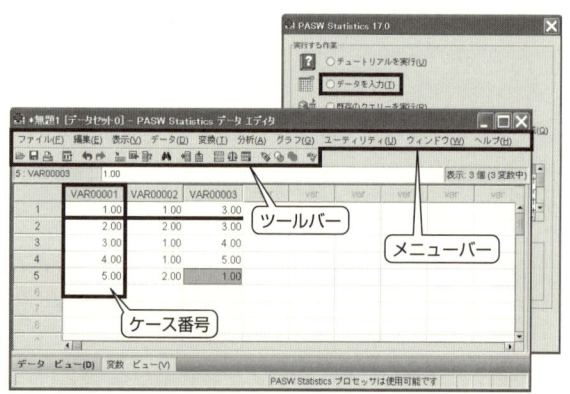

図1-5　スタートアップウィザードダイアログボックス
前画面をデータビューという。

すでにあるSPSSのデータを読み込む場合は，図1-6のように〈ファイル〉→〈開く〉→〈データ〉です。なお，すでに分析して示された結果の出力画面を開く場合は，〈開く〉→〈出力〉→〈データ〉を選択します。加えて，エクセルのコピーは，普通にエクセル画面でコピーしてもらい，SPSSメニューバーの〈編集〉→〈貼り付け〉で入力することができます。ただし，数値は入力できても変数名は自分で入力していくことが求められます。このほかのデータ読み込み方法については，多くの書物で紹

介されているため，本書では割愛します。

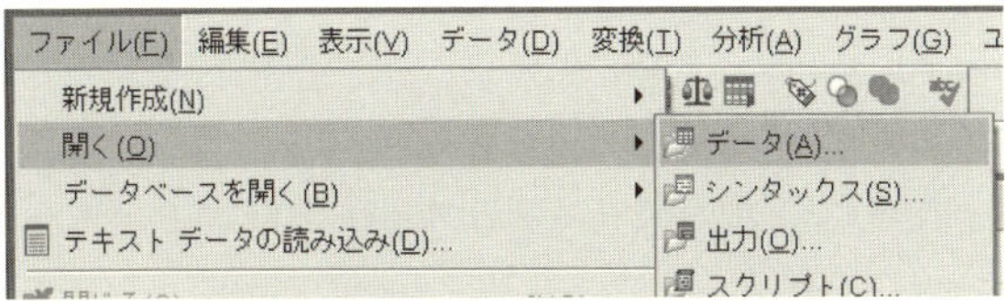

図1-6　既存のSPSSデータの開く手順

データビューに直接，調査から得たデータを入力していく方法があります。入力方法は，分析方法により異なりますが，一般的にこのデータビューの一番左側の列（縦）には，ケース番号を記載し，そこから右に調査で得たデータ（性別なら1，2）などを入れていきます。

このとき，いきなりデータビューから入力すると図1-5では画面内容の意味がわかりにくいでしょう。そこでデータビュー画面左下の〈変数ビュー〉をクリックすると図1-7の変数ビューが出ます（一番後ろはデータビューです）。ここで〈名前〉のところに変数名を記載していくと図1-7の3枚目のデータビューのように変数名が示されていきます。また〈値〉のところやや右側をクリックすると〈値ラベル〉のダイアログボックスが出てくるため，そこに図1-7のように調査の内容を入力していきます。

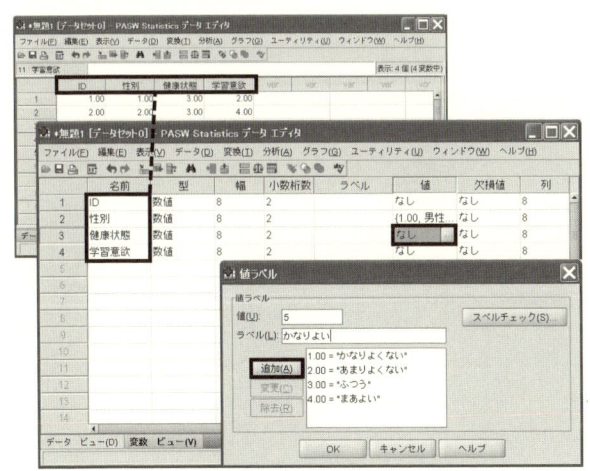

図1-7　変数ビューと値ラベルへの入力

値ラベルを入力したら，データの入力間違いがないかを確認します。〈分析〉→〈記述統計〉→〈度数分布表〉を行なってみましょう。すると度数分布表のダイアログボックスが出てきますので，変数を左から右にクリックで移動させましょう（図1-8）。そして，度数分布表のダイアログボックスの〈統計量〉，次に〈図表〉をクリ

ックし，それぞれのダイアログボックスを出してみましょう（図1-9）。なお〈度数分布表〉ではなく，その下の〈記述統計〉でもいいでしょう。違いを自分なりに確認してみてください。

そして，図1-9のようにそれぞれの項目にチェックし〈続行〉をクリック，度数分布表のダイアログボックスに戻ったら〈OK〉を押しましょう。

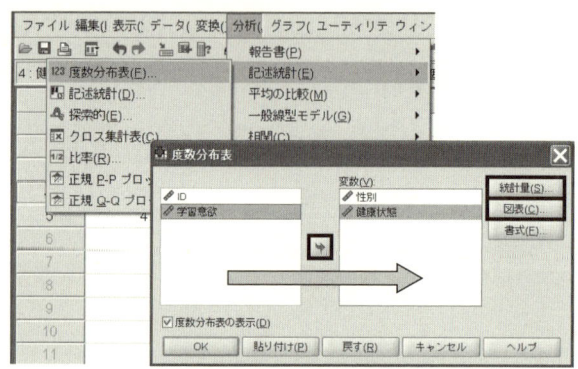

図1-8　度数分布表の分析

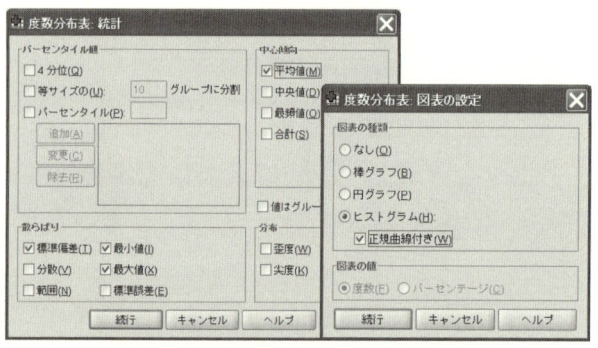

図1-9　度数分布表における統計と図表の設定

すると結果の出力画面であるビューアウィンドウが出てきます（図1-10）。ここでは，結果の確認をしていくのですが，単に結果がどうであったかを見るのではなく，さまざまな分析を行なう前に，入力したデータが間違っていないかを確認することが先に求められます。

図1-10は記述統計の結果が示されています。とくにここでは，平均値が，調査票以上の値をとっていないか，例えば5件法（5つの回答があり，数値も最小1から最大5まで）で，平均値が5を超えることができないのに，それ以上の値をとっていないか，などを確認します。同様の理由で，最小値，最大値，そして，それぞれの記述結果を確認していきます。ここでは，健康状態が1名33という大きな数値を示して

います。3が33と入力されたのかもしれません。再度調査票等を見直す必要があります。

また、最後に度数分布を棒グラフにした学習意欲のヒストグラムを図1-11に示します。ヒストグラムでは、平均値である中央が高い山型になるという正規分布になるほど、そのデータが一般的な調査結果を示していると解釈されます。

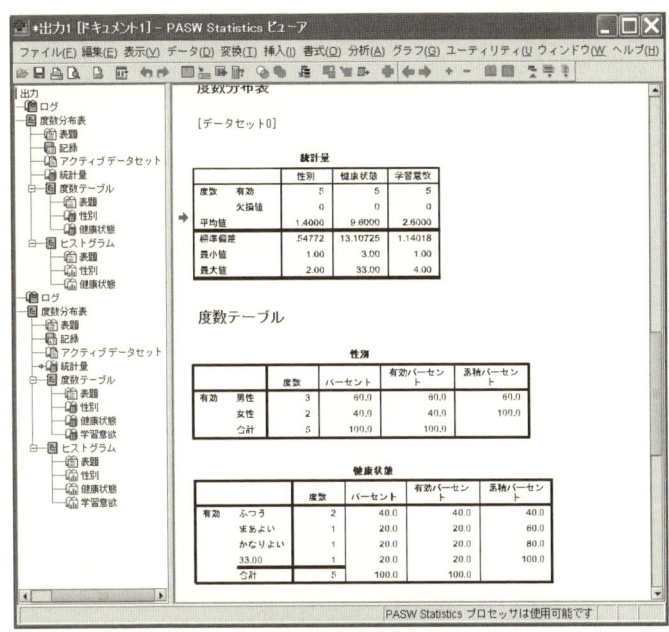

図1-10　記述統計の結果

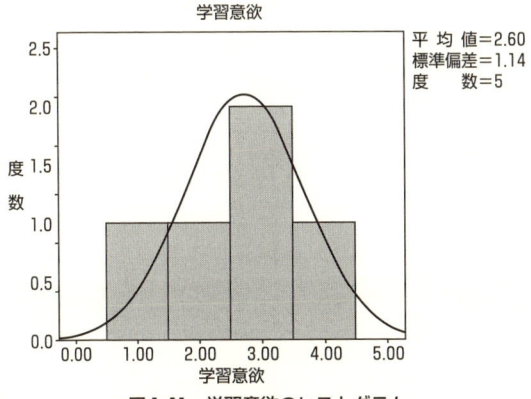

図1-11　学習意欲のヒストグラム

第4節　仮説検定

　さて，いよいよ次章以降からは統計学の醍醐味である分析を始めることになります。第2章に入る前に，分析の考え方について，もう少し述べておこうと思います。

　データを分析するということは，ただの数字の羅列に意味をもたせるということです。これ以降のページにいろいろな例が出てきますが，例えばAとBの2群の平均値を比べたり，CがDに影響を与えるという変数同士の影響関係を計算したりします。その計算の結果が数字で表わされます。その数字に意味があるか，意味があるとすればどのような意味なのか，ということが重要となります。

　結果に意味があるかどうか計算することを，仮説検定といいます。文字通り，仮説を立てて，それを検定（計算）していくわけです。例えばAとBの2群の平均値を比べる場合，"A群の平均値の方が高い"や"A群とB群の平均値は等しい"と最初に仮説を立てて，どちらが正しいか結論を導くために計算を行なうのです。

　その過程で覚えておいてほしい言葉が3つあります。"帰無仮説"，"対立仮説"，"有意確率"です。

　帰無仮説とは，無に帰すための仮説，すなわち棄てるために立てる仮説です。なぜわざわざ棄てるための仮説を立てるのかというと，科学や数学での証明の方法は，あるものを否定して，それに相反する結果を採択するという方法が一般的だからです。

　例をあげながら仮説検定の流れを大まかに説明してみましょう。「カラスは黒いか？」と言われたときに，たくさんのカラスを調べて"黒以外のカラスがまったくいない"，もしくは"ほとんどいない"ということを確認して，カラスは黒いというでしょう。統計学では仮説の立て方で求める結果も変わってきます。

　基本的に帰無仮説は，"等しい"という仮説に基づいて立てられます。このカラスの例で帰無仮説を立てると，"黒いカラスと黒以外のカラスは同数存在する"という帰無仮説を立てるのです。

　対立仮説は帰無仮説の逆，すなわち等しくないという仮説を立てます。先ほどの例でお話しすると，"黒いカラスの数が多い"，つまり"黒いカラスと黒以外のカラスの数は等しくない"というものです。

　そして実際にカラスを観察し，黒いカラスの数と，それ以外の色のカラスの色を数えていくわけです。得られたデータを，次の章から勉強するさまざまな分析方法に当てはめ，計算していくのです。すると，最終的に"有意確率"という値が得られます。有意確率とは，"帰無仮説を採択できる確率"です。一般的にはこの確率が5％未満であれば対立仮説を採択できるという決まりがあります。対立仮説が採択されれば"有意差あり"と考えます。つまり，"比較したもの同士に意味のある差が認められた"と示すものです。カラスの例で実際にデータを得て計算したところ，有意確率が

1%であったと仮定します。すると帰無仮説を棄却し対立仮説を採択するので，黒いカラスの数が多かったならば，"黒いカラスが黒以外のカラスより多いという結果には意味がある"ということになります。

　有意確率は確率（probability）の頭文字をとってpで表わします。そして有意確率が5%未満であるということを$p<0.05$と表わします。また，有意確率が小さくなればなるほど，設定する有意水準にもよりますが帰無仮説を採択できる可能性が低くなるので，誤って帰無仮説が採択されてしまう可能性が低いという意味があります。社会学や心理学，医学など分野によって基準は多少変わってきますが，一般的に5%，1%，0.1%の3段階（これを有意水準と言います）で，どの程度仮説が信頼できるかを表わします。例外的に10%のときに"有意傾向が認められた"と弱い表現をする場合もありますので，覚えておいてください。また，有意確率は記号で表わされることが多いです。$p<0.05$の場合，アスタリスク1つで"＊"と表わし，同様に1%未満で"＊＊"，0.1%未満で"＊＊＊"と表わされます。10%の場合はダガー"†"で表わされます。

　ここで有意確率について注意があります。先ほど有意確率は，帰無仮説の採択に寄与すると述べ，その確率が5%未満ならば対立仮説を採択すると説明しました。しかし読み替えると，"5%未満だが帰無仮説を採択しない可能性が出る"と考えることができます。このように，本当は帰無仮説が正しいにもかかわらず，対立仮説を採択する誤りのことを第一種の過誤（type Ⅰ error）とよびます。この確率をαで表わし，危険率（有意水準）とよびます。この第一種の過誤が起こる確率が低くなることで，より確信をもって対立仮説を採択できるわけです。その水準が先ほどあげた10%〜0.1%の4段階のものというわけです。

　また，逆に帰無仮説が間違っているにもかかわらず，それを棄却しない誤りのことを第二種の過誤（type Ⅱ error）とよび，その確率をβで表わします。つまり，本当は差があるのに差がないと計算してしまうことです。第二種の過誤については論文などに記載されることはありませんが，このような過誤も存在するということを頭に入れておいてください。これらは，有意水準を低くするほど，第二種の過誤は防げますが第一種の過誤が起きてしまうという矛盾を意味しています。

　仮説の立て方で注意しなければならないのは，自分が主張したい仮説が"2群は等しい"という場合，一見帰無仮説に"等しくない"という仮説を設けてそれを否定したくなりそうですが，それは誤りです。"等しい"というものを否定できなければいいのです。そうやって"等しい"ということを主張するわけです。ややこしいようですが，これは統計学のルールなので，必ず覚えておいてください。

　それでは，分析に移りましょう！

《上級者への豆知識》

　現在，有意水準における検定結果に加え，効果量を示すことが一般的となっています。これは，調査対象者の人数（つまり自由度）が多くなればなるほど，有意確率は低くなり（$p<0.05$），有意な差として扱われやすい検定結果を客観的な物差しからも見ようとする観点です。そのため効果量は，調査対象者の人数に関係なく示される指標となります。効果量そのものは母集団を推測するための分析ではないため，それだけでよいというものでもありません。とくに t 検定や分散分析は意図的に分析をする必要がありますので留意が必要です。

　相関分析は r，重回帰分析は R^2，t 検定は r や Cohen's d（対応のない t 検定），分散分析は η^2，χ^2 検定は ϕ（2×2 の場合）などがあります。このとき，$\eta^2 \neq$ Partial η^2，r ≠ ピアソンの積率相関係数であるという（水本・竹内，2008）。

$$\text{Cohen's d} = \frac{(\text{実験群の平均} - \text{統制群の平均})}{\sqrt{\frac{\text{実験群の標準偏差}^2 + \text{統制群の標準偏差}^2}{2}}} \qquad r = \sqrt{\frac{t^2}{t^2 + df}}$$

※ r は対応のある t 検定にも使用可能

〔引用文献〕水本　篤・竹内　理（2008）研究論文における効果量の報告のために―基礎的概念と注意点―，『英語教育研究』，31, 57-66.

第2章

χ^2 検定
——データ数の偏りを調べたい

第1節 χ^2 検定とは

　本章では本書唯一の名義尺度の分析方法である χ^2（カイ2乗）検定について学んでいきましょう。χ はギリシャ文字でカイと読みます。χ^2 検定はデータをクロス集計する際，データ数に偏りがないかを調べる検定方法です。SPSSでは"カイ2乗"と表記してありますので，SPSSの結果で"カイ2乗"と表記してある部分はそのままカイ2乗と表記し，本文では χ^2 と表記しています。

　一般的に調査や研究を行なう際に，対象の属性（性別や年齢等のこと）についても考慮しなければなりません。女性または男性だけを対象にした研究ですと，最初からどちらか一方の人だけを集めればよいので簡単です。しかし，運動負荷による心拍数の変化について研究を行なおうとした際に，対象者全員が元運動部である場合と全員が運動部経験なしの場合では，同じ負荷でも大きく差が現われてしまうことでしょう。また，飲食店の来店者数を男女年代別に集計した際に，すべての性年代の人たちが等しく訪れるということはないでしょう。30代女性が多かったり，50代男性が多かったりと偏りがある場合，そのターゲットとなる年代のためのメニュー作りなど，方向性が絞り込みやすくなることでしょう。

　このように人数構成比の偏りを調べるための方法が χ^2 検定なのです。

第2節 χ^2 検定の実際

　ではさっそく，図2-1のデータを入力してください。これはあるクラスの性別，成

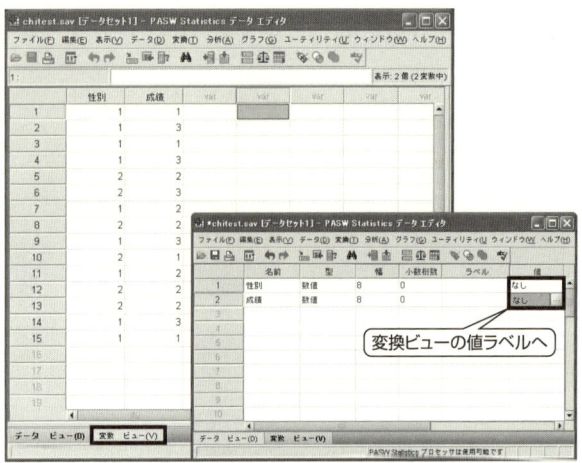

図2-1 クラスの性別，成績の構成比

図2-2 性別，成績の値ラベル

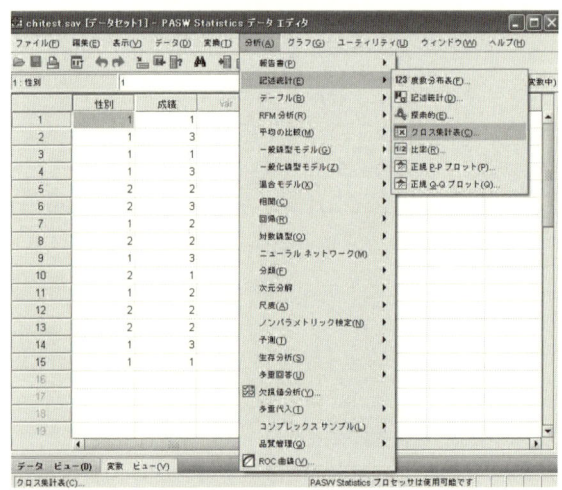

図2-3 クロス集計の分析手順

績の構成比です。数字のままでは何を表わしているのか分からないので,〈変数ビュー〉タブを選択し,〈値〉→セル右下をクリックし,図2-2のようにラベルを定義してください。性別の1が男性,2が女性を,成績の1が成績の高い学生を,2が中程度の学生を,3が低い学生を表わしています。

このクラスの構成比を数え上げてみると,男女比は男性9名,女性6名です。成績では高が4名,中が6名,低が5名です。性別と成績を両方見ると,一番多い群は成績中程度の女性が4名,一番少ないところでは1名のところが2つあります(女性データより)。一見成績の偏りはないようですが,本当にそうでしょうか。逆に9名と6名からなる成績比率に差があると言い切れるのでしょうか。このような疑問を解決する方法がχ^2検定なのです。

では,疑問を解決するために分析を行なっていきましょう。

① 〈分析〉→〈記述統計〉→〈クロス集計表〉(図2-3)
② 〈行〉に"性別",〈列〉に"成績"を入力(図2-4)

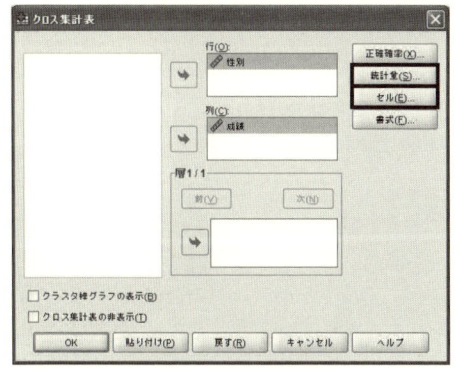

図2-4 クロス集計表

行や列とは,クロス集計を行なう際の縦と横の項目のことです。横に並ぶものを行,縦に並ぶものを列とよびます(図2-5)。

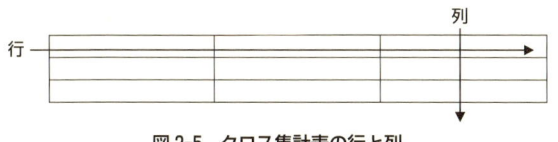

図2-5 クロス集計表の行と列

行と列,それぞれ入れる変数が逆でも構いませんので,自分のデータで分析を行なう際には自由に入力して,最も見やすいアウトプットを出すように心がけましょう。

③図2-4の画面から〈統計量〉→図2-6左の〈カイ2乗〉にチェック→〈続行〉

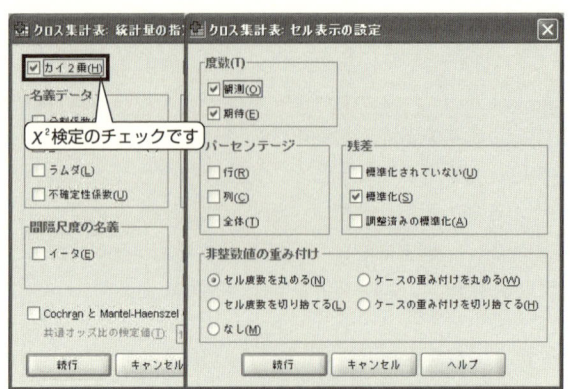

図2-6 統計量の指定とセル表示の指定

④図2-4の画面から〈セル〉→図2-6右の〈度数〉の〈期待〉にチェック→〈残差〉の〈標準化〉にチェック→〈続行〉

なお，他のクロス集計の統計オプションもSPSSには数多く取り揃えられていますので，必要に応じてチェックを入れて分析を行ないましょう。

⑤図2-4の画面で〈OK〉をクリック

以上でχ^2検定は終わりです。分析方法同様に結果を読み解くのも簡単ですので気軽に読んでみましょう。

最初に出てきている表2-1は，データの性質について大まかな結果が示されています。ここでは分析に使えるデータの数と欠損値（データの欠落）の数が示されています。欠損値があった場合，真ん中の欠損のNの数に反映されますので欠損データを今後の分析に含めるか除外するかを判断しましょう。

表2-1 処理したケースの要約

	ケース					
	有効数		欠損		合計	
	N	パーセント	N	パーセント	N	パーセント
性別 * 成績	15	100.0%	0	.0%	15	100.0%

次に出てきた表2-2の結果がクロス集計の結果です。性別と成績の組み合わせでカテゴリーが6つできていますが，このカテゴリー1つひとつのことを"セル（cell：細胞）"とよびます。セルの一番上の度数という項目はデータにある実際の数値のことです。つまり，成績の高い男性が3名，成績が中程度の男性が2名，といったものです。χ^2検定では，このセルに偏りがあるかどうかを調べるのです。偏りがあるかどうかを調べるので，帰無仮説は「セルに偏りはない」，対立仮説は「セルに偏りがある」となります。

第2章 χ^2 検定——データ数の偏りを調べたい

表 2-2 性別と成績のクロス表

			成績			合計
			高	中	低	
性別	男	度数	3	2	4	9
		期待度数	2.4	3.6	3.0	9.0
		標準化残差	.4	-.8	.6	
	女	度数	1	4	1	6
		期待度数	1.6	2.4	2.0	6.0
		標準化残差	-.5	1.0	-.7	
合計		度数	4	6	5	15
		期待度数	4.0	6.0	5.0	15.0

　期待度数とは，性別，成績の合計数から計算される，そのセルの中に入ると推測される値です。男女構成比は 9：6 なので，成績高の男女には 2.4 と 1.6 が入るだろうと予測されるのです。当然，人数ですので少数が入るということはありませんが，理想としては期待度数のような値が入ると考えるのです。標準化残差とは，残差（実数と期待値の差）を標準化（得点－平均点／標準偏差；平均が 0，分散が 1 となります）した値になります。標準化の詳しい説明は本書では省略しますが，この標準化残差の値は正規分布に従うと頭の片隅に入れておいてください。この標準化残差の結果は下の χ^2 検定の結果次第ではもう 1 度見直す必要が出てきます。

　最後に，セルに偏りがあるかどうかを計算した表 2-3 の結果が示されます。これが χ^2 検定の結果です。一番上の"Pearson のカイ 2 乗"を読むと，有意確率は p＞0.10 ですので，有意ではありません。したがって今回の場合ですと，いずれのセルにも偏りはないということになります。

表 2-3　χ^2 乗検定

	値	自由度	漸近有意確率（両側）
Pearson のカイ 2 乗	2.986[a]	2	.225
尤度比	3.049	2	.218
線型と線型による連関	.070	1	.792
有効なケースの数	15		

a. 6 セル (100.0%) は期待度数が 5 未満です。最小期待度数は 1.60 です。

　偏りがある場合は，次の表 2-4 と表 2-5 のようになります。この結果は 100 件のデータを分析したものです。

　ここでは，"Pearson のカイ 2 乗"の結果が有意になっていますね。つまり，対立仮説「セルに偏りがある」という結果が採択されたのです。ですが本題はここから。いったいどのセルに偏りがあるのか，つまり，どの部分の人数が多く，どの部分の人数が少ないのでしょうか。それを見るための値が標準化残差です。先ほど標準化残差

表2-4　全体で100件の性別と成績のクロス表

			成績			合計
			高	中	低	
性別	男	度数	6	15	16	37
		期待度数	7.0	20.7	9.3	37.0
		標準化残差	-.4	-1.3	2.2	
	女	度数	13	41	9	63
		期待度数	12.0	35.3	15.8	63.0
		標準化残差	.3	1.0	-1.7	
合計		度数	19	56	25	100
		期待度数	19.0	56.0	25.0	100.0

表2-5　全体で100件のχ^2検定

	値	自由度	漸近有意確率（両側）
Pearsonのカイ2乗	10.565[a]	2	.005
尤度比	10.336	2	.006
線型と線型による連関	5.891	1	.015
有効なケースの数	100		

a. 0 セル (.0%) は期待度数が5未満です。最小期待度数は7.03です。

は正規分布に従うと書きましたが，その意味は，標準化残差の結果は正規分布と同じように読めるという意味です。正規分布に従うということは，絶対値が1.96以上（$|Z|≧1.96$）で両側確率（プラスとマイナスの両方の確率を合わせて）が5％未満となるのです。いいかえると，±1.96の範囲に入るような値では，「これには意味があるよ！」といい切れないのです。そして，この±1.96の範囲に入らなかったときに初めて，その値が平均値と同じ値をとる確率が5％未満となるので，意味のある範囲を有意な確率（$p<0.05$）として考えたといえます（図2-7）。

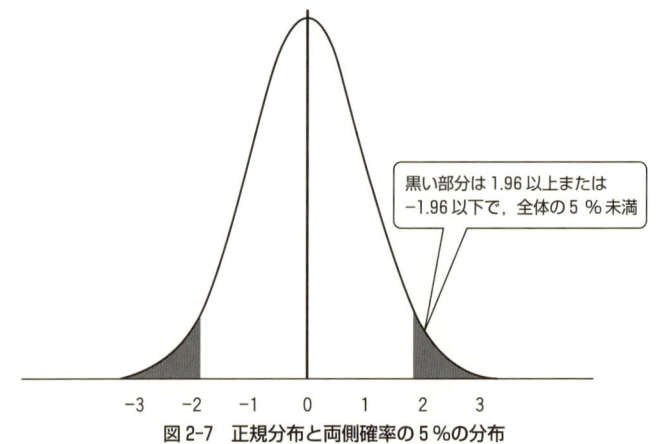

図2-7　正規分布と両側確率の5％の分布

実際に表2-4のクロス表を見てみますと，男性の成績低の群の標準化残差は2.2となっています。つまり，このセルが期待数に比べて有意に高いという意味です。χ^2検定の結果で有意になった場合は，もう一度クロス集計を読み直し，どのセルの値が多い（少ない）かをきちんと確認することを忘れないようにしましょう。

《上級者への豆知識》

　今回結果を読む際にふれませんでしたが，"χ^2検定"（表2-3）の結果の一番下に小さな文字で"Aセル（B％）は期待度数が5未満です"と注釈が入っているのにお気づきでしょうか。実はχ^2検定を用いてはならないケースが2通りあります。1つ目は，度数が0のセルがある場合です。0がある場合，他のセルとの差でそうなったのか，構成比として0なのかの判断がつきません。したがって期待値を求めることができず，それ以下の検定の結果を求めることができないのです。

　2つ目は，期待度数が5未満になる場合です。χ^2検定はNが20以上の際に用いるのが望ましいのです。それ未満ですと，結果が誤差であるか本当の差であるか判断できないのです。SPSSではプログラムの裏で自動的に補正をかけてくれているので，分析結果を出せればいいという方はまったく気にする必要はありませんが，期待度数が5未満の場合，実はイェーツの補正という方法で修正されているのです。本書で詳細は説明しませんが，期待度数が少ない場合には必ずこの補正をかけなければなりません。

第3章

t検定・分散分析
——平均値の差を比較したい

第1節 平均値の比較をする分析方法

　χ^2検定のように質的な分析が理解できたら，まずは一番オーソドックスかつ実用性の高い分析方法を学んでいきましょう！　それが平均値の比較の分析です。

　例えば，高校の国語の定期試験で，A組とB組どちらのほうが良い成績だったのか，という2つの対象の比較について，もしくはA，B，C，D組のどのクラスの成績が最も良かったか，という3つ以上の対象の比較について明らかにする方法です。この分析では，それぞれのクラス（対象）の平均値の差を比べます。これには，大きく分けて，「t検定」と「分散分析（Analysis of Variance: ANOVA）」という2つの分析方法があります。前者は，比較対象が2つ，後者は比較対象が3つ以上の場合に用いられます。すなわち，1対1の比較をするならばt検定，3つ以上の平均値を比較するならば分散分析を行ないます。なおSPSSのテキストなどでは，T検定と大文字で表記される場合がありますが，一般的には小文字で書きますので，説明ではt検定で統一させていただきます。

　また，どちらの分析も，その中にいくつかのバリエーションが存在します。つまりデータの種類によって分析方法（厳密には，計算式）を変えていく必要があるということです。そこで，まずは，"分析方法の選択や結果を読む場所が違う"ということだけ頭の片隅に入れておいてください。なおこの本では，初学者にとって，複雑な計算式は取り扱いませんので，詳細をお知りになりたい方は各種，統計学の本にてご確認ください。

　バリエーションで，まず考えなければならないことは，"対応"があるかどうかです。これは，t検定，分散分析のどちらでも同様です。対応とは，同じ対象（サンプ

ルともいいます）からデータを抽出したかどうか，ということです。例えば，"対応あり"とは，1組の生徒の中間試験と学期末試験の得点を比較するような場合にいいます。一方，"対応なし"とは，1組と2組の国語のテストの成績を比較するような場合にいいます。1組と2組は違うクラスなので，"対応なし"と判断します。なお，"対応なし"のサンプルのことを"独立したサンプル"であるという場合があります。

　以上をふまえて，t検定と分散分析を紹介していきます。本章の最後に平均値の比較において，どの分析方法を使えばいいかフローチャートを示しておきますので，それで分析方法を選択してもよいでしょう。

第2節　t検定

　t検定は，対象（サンプル）から得られた平均値をもう1つの対象の平均値と1対1で比較する方法です。比較対象となるもう1つの平均値には次の3通りあります。

〈対応なし〉　1．別の対象から得られた平均値　⇒　1組と異なるクラス，2組など
〈対応あり〉　2．同じ対象から得られた平均値　⇒　2組（同じ対象を2回）
〈対応なし〉　3．対象とその対象が所属する集団（母集団）の平均値　⇒　1組と
　　　　　　　　1組を入れた学校全体

1．別の対象から得られた平均値の比較は，2つの異なるサンプル同士を比較するということです。今回の例では1組と2組の平均値を比較していますが，他にも（1）同じクラス内での男女比較，（2）1組の授業では「話しだけ」，2組の授業では「映像使用」という教授法の違いによる成績の比較，（3）おいしい果物を育てるための肥料AとBの効果の比較などに使います。

2．同じ対象から得られた平均値の比較は，先述の同じクラスでの中間と期末試験の成績比較，薬品AとBの効果持続時間（AとBを何度か測定）の比較などに使うことができます。いずれも同じ対象から得られたデータということで，個体差（対象それぞれがもつ違い）などから示される結果の違いの要因を無視できることが望ましい点です。

3．対象とその対象が所属する集団（母集団）の平均値の比較では，ある地域の平均寿命と世界の平均寿命との比較，ある学校の体力テストの成績と全国平均成績との比較などに使います。いずれも母集団である後者の平均値が明らかになっている場合です。母集団は，全国的・世界的規模のサンプルを用いることが，より対象として一般化できるため，望ましいです。しかし，A社全体の売り上げとその支店の売り上げ状態を知りたいときには，母集団は，A社の全支店になります。つまり母集団は，何を捉えようとしているかで，その規模は異なってきます。

　具体的に例をあげればきりがないので，"対応"というポイントを軸に今後の調査内容や自分がもつデータがどの分析方法に当てはまるか考えてみましょう。

1．対応のない t 検定（独立したサンプルの t 検定）：『1組と2組の成績を比較したい』

先にあげたとおり，t 検定は2つの対象の平均値の差の検定です。例として図 3-1 のデータを入力してみましょう。

図 3-1　対応のないデータ

これは1組と2組の国語の成績の仮想データです。今からこの2つのクラスの平均値は，どちらが高いかを検定していきます。まずは第1章の仮説検定の考え方でふれた，このデータの仮説を示します。帰無仮説は"1組と2組の国語の成績は等しい"，対立仮説は"1組と2組の国語の成績は等しくない"です。

①〈分析〉→〈平均の比較〉→〈独立したサンプルの t 検定〉（図 3-2）

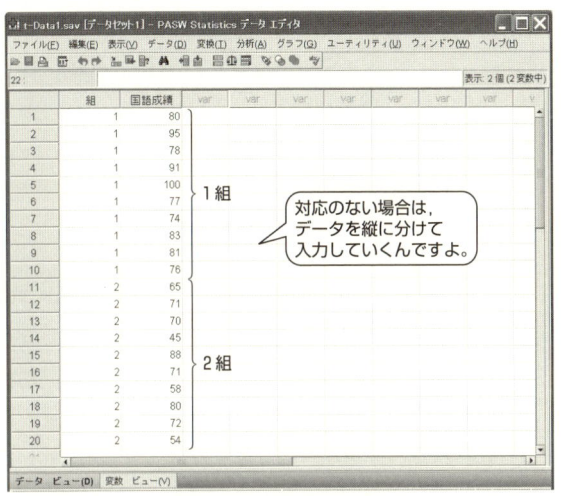

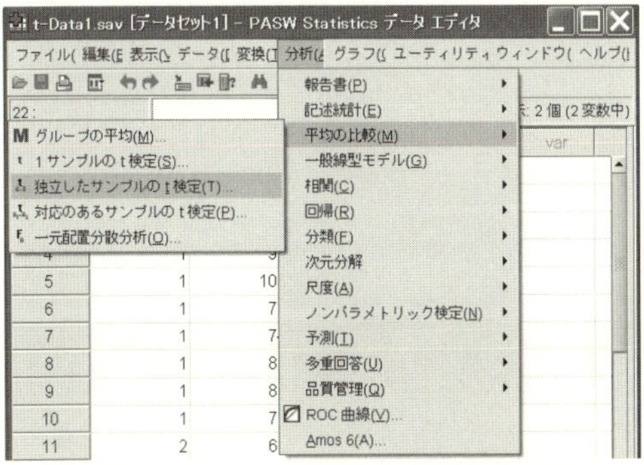

図 3-2　独立したサンプルの t 検定の分析手順

1組と2組には違う人が在籍しているので，対応はありません。ですので〈独立したサンプルのt検定〉を選択します。

②〈検定変数〉に国語成績，〈グループ化変数〉にクラスを入れ，その下の〈グループの定義〉をクリック（図3-3）

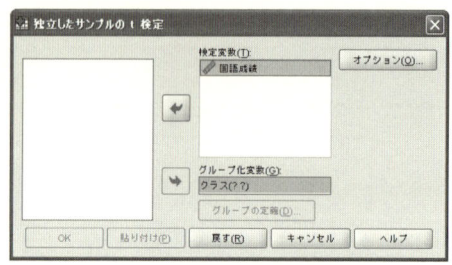

図3-3　独立したサンプルのt検定①

③グループの定義で出てきたウィンドウには，〈グループ1〉に"1"，〈グループ2〉に"2"とそれぞれ半角で入力。入力したら〈続行〉をクリック（図3-4）

図3-4　グループの定義

④ポップアップが消え，前の〈グループ変数〉のクラス（? ?）がクラス（1 2）になっているので，〈OK〉をクリック（図3-5）

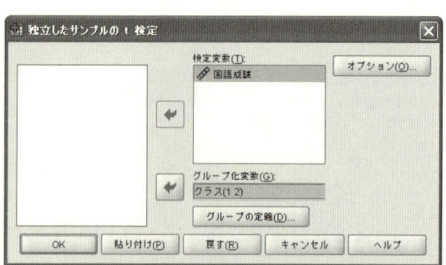

図3-5　独立したサンプルのt検定②

では，結果を見ていきましょう。以下には必要な部分のみを切り出していますので，自分の出力ウィンドウの中から同じ部分を探してください。なお，SPSSのバージョンによって，やや出力方法が異なる場合がありますが，言いたいことは同じです。

表 3-1 はグループの基礎的な統計量です。それぞれのクラスの人数（N），平均値，標準偏差，標準誤差を表わしています。データを記述するときに必要になりますので，必ず押さえておいてください。

表 3-1　グループ統計量

	組	N	平均値	標準偏差	平均値の標準誤差
国語成績	1	10	83.50	8.810	2.786
	2	10	67.40	12.527	3.961

次の表 3-2 が t 検定で最も大切な結果になります。結果が 2 段表示されていますね。これはどちらか一方を見なければなりません。どうやってそれを選択するかというと，等分散を仮定した結果なのか，仮定しなかった結果なのかで，上下どちらの段の結果を読むかが決まってきます。そのため"独立したサンプルの t 検定"では，平均値を比較する前に等分散を仮定できるかを検定しなければなりません。なぜこのようなことを行なわなければならないか，次に説明していきます。

表 3-2　独立サンプルの検定①

		等分散性のための Levene の検定		2 つの母平均の差の検定					差の 95% 信頼区間	
		F 値	有意確率	t 値	自由度	有意確率（両側）	平均値の差	差の標準誤差	下限	上限
国語成績	等分散を仮定する。	.752	.397	3.324	18	.004	16.100	4.843	5.925	26.275
	等分散を仮定しない。			3.324	16.153	.004	16.100	4.843	5.841	26.359

〈Check〉

分　　散：データのばらつき具合

標準偏差：1 つの標準偏差の範囲内にデータ全体のどのくらいの割合が分布するかを示したもの

標準誤差：母集団が入る可能性のある範囲を標本から推測したもの

図 3-6 と図 3-7 は標準偏差が異なると，どのように分布が異なるかを表わしたグラフです。どちらのグラフも平均値は 50 ですが，実線で描かれた背の高いほうは標準偏差が 10，裾野が広い点線のほうは標準偏差が 30 となっています。見比べてみると一目瞭然ですが，標準偏差 10 のグラフではデータが標準偏差 30 のグラフよりも平均値の近くに集まっていますね。

このように，平均値は同じでも標準偏差によって分布が大きく異なる場合が考えられます。分布が異なるということは，異なる母集団から得られたデータであると考えることができます。同じ母集団なら，同じ分布になると判断しているのです。したがって，標本の分布は同じであるかによって，つまり同一母集団から得られた標本なのかによって，計算式を変えていきます。これは，"分布が同じかどうかを調べるために等分散性の検定を行なう" ということです。対応のない t 検定では，対応がないと

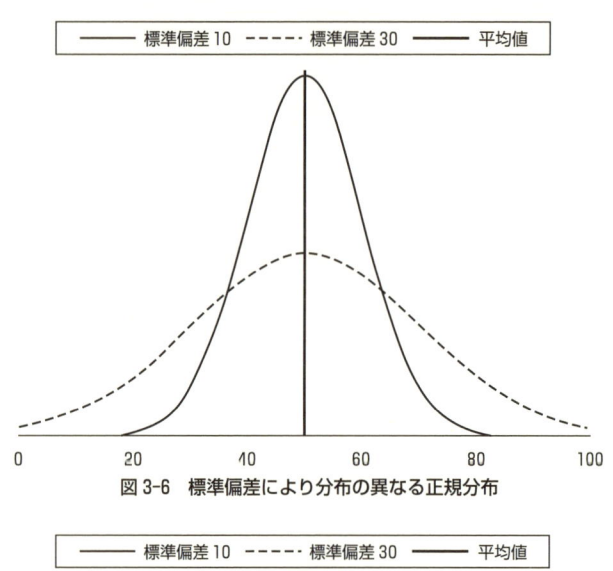

図 3-6　標準偏差により分布の異なる正規分布

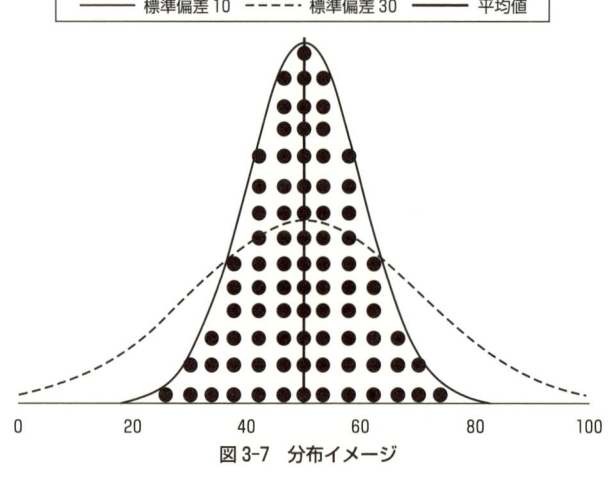

図 3-7　分布イメージ

いうことから，このような当分散性の検定を自動的にしてくれる便利なものなのです。
　ではもう一度，先ほどの結果を見てみましょう。等分散性の検定は，F検定というものを行ないます。ですが，SPSSでt検定を行なう際には，わざわざF検定を選択して行なわなくてもこの結果を出力してくれるのです。この検定の帰無仮説は"2群の分散は等しい"で，対立仮説は"2群の分散は異なる"となります。今回の結果では，F値は0.752，pは0.397となりました。$p<0.05$とならなかったので，帰無仮説を採択し，"2群の分散は等しい"となります。したがって今回のデータは"等分散を仮定する"ほうの結果を見ていきます。なお有意確率が$p<0.05$だった場合，「等分散を仮定しない」の行となりますが，この分析はt検定ではなく"ウェルチの

表 3-3 検定による帰無仮説と対立仮説の考え

	帰無仮説	対立仮説
t 検定	2 群の平均値は等しい	2 群の平均値は異なる
F 検定	2 群の分散は等しい	2 群の分散は異なる

表 3-4 独立サンプルの検定②

		等分散性のためのLeveneの検定		2つの母平均の差の検定					差の95%信頼区間	
		F 値	有意確率	t 値	自由度	有意確率(両側)	平均値の差	差の標準誤差	下限	上限
国語成績	等分散を仮定する	.752	.397	3.324	18	.004	16.100	4.843	5.925	26.275
	等分散を仮定しない			3.324	16.153	.004	16.100	4.843	5.841	26.359

表 3-5 独立サンプルの検定③

2つの母平均の差の検定				
t 値	自由度	有意確率(両側)	平均値の差	差の標準誤差
3.324	18	.004	16.10	4.843
3.324	16.153	.004	16.10	4.843

検定"とよばれるものとなります。

　ここで見なければならないのは，t値，自由度，有意確率の3つです。この表3-4と表3-5は自由度18のt分布におけるt値3.324で，有意確率は約0.004であるということになります。t値は，比較された2群の差で，自由度は，t検定の計算によって示される対象の数のことです。実際は20人ですが，t検定の数値記載では，18人を示すということになります。ここでは，このように記載する（示される）と捉えたほうがいいでしょう。ここでの有意確率は0.004つまり$p<0.01$となるので，帰無仮説を棄却し，対立仮説を採択します。よって結論は，"1組と2組の国語の成績は等しくない"ということです。

　最後に論文へ結果を記載する方法をあげて，まとめとします（図3-8）。

　「独立したサンプルのデータ」による計算を行なったなどの"t検定の種類"や「等分散性の検定を行ない仮定したかどうか」の"F検定の結果"については，あまり論文には記載されないようです。それは，計算方法については間違えないとか，計算する人が当然理解して行なっているという暗黙の了解があるからです。本書を読まれる皆さんもどの分析を用いるかを間違えないように気をつけましょう。t検定結果を示した式は，t（自由度）= t値，t値の**有意確率**で表します。なお結果の表記では，母集団をN，母集団から抽出した標本（調査の対象者）をnと表わすこともあります。

結　果

1組と2組の国語の成績を比較するために，t検定を行なった。その結果，t(18)＝3.32，p<.01となり，2組より1組の方が高かった。

Table 1.　1組と2組の国語の成績のt検定の結果

	N	平均	標準偏差	t
1組	10	83.5	8.81	3.32
2組	10	67.4	12.53	

**p<.01

図 3-8　論文掲載の見本①

2．対応のあるサンプルのt検定：『同じ対象者（学生）の中間と期末の成績を比較したい』

では次に対応のあるサンプルのt検定を行なっていきましょう。図3-9のデータを入力してください。このデータの中間成績は，対応のないt検定の国語成績と同じものです。

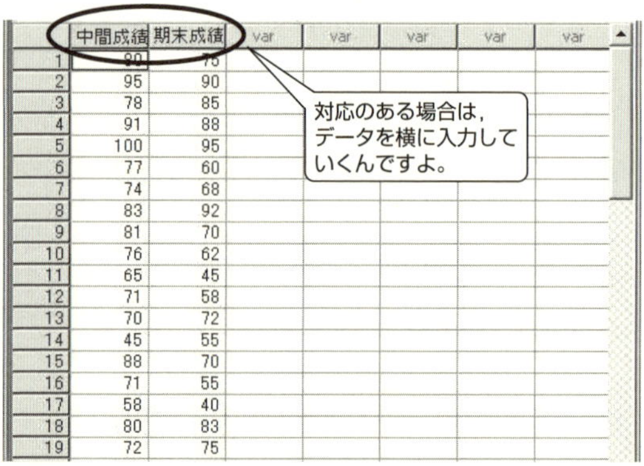

	中間成績	期末成績	var	var	var	var	var
1	80	75					
2	95	90					
3	78	85					
4	91	88					
5	100	95					
6	77	60					
7	74	68					
8	83	92					
9	81	70					
10	76	62					
11	65	45					
12	71	58					
13	70	72					
14	45	55					
15	88	70					
16	71	55					
17	58	40					
18	80	83					
19	72	75					

図 3-9　対応のあるデータ

今回のデータは，あるクラスの中で同じ人の中間テストの成績と期末テストの成績を隣同士に並べて示しています。このデータの帰無仮説は"中間テストの成績と期末テストの成績は等しい"で，対立仮説は"中間テストの成績と期末テストの成績は異なる"です。

①〈分析〉→〈平均の比較〉→〈対応のあるサンプルのt検定〉（図3-10）

②〈対応のある変数〉に中間成績と期末成績を入れ，〈OK〉（図3-11）

非常に簡単でしたね。では，結果を見ていきましょう。

表3-6～表3-8は対応のないサンプルのt検定とほとんど同じですね。こちらではF検定がなく，相関係数があるのが違いです。対応のあるサンプルは，同じ対象から

データを得ているので，同一母集団から得られたデータであるという前提があるからF検定がないのです。相関係数について詳しくは第4章で説明します。ここでは中間成績と期末成績には関連が認められたくらいの認識で十分です。

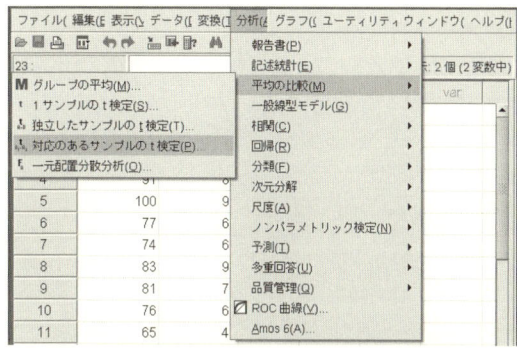

図3-10 対応のあるサンプルのt検定の分析手順

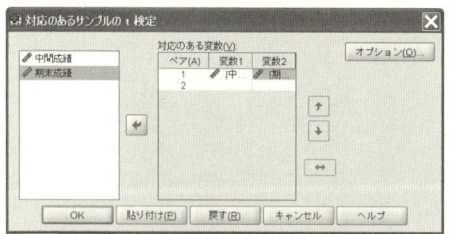

図3-11 対応のあるサンプルのt検定

表3-6 対応サンプルの統計量

		平均値	N	標準偏差	平均値の標準誤差
ペア1	中間成績	75.45	20	13.391	2.994
	期末成績	69.65	20	15.879	3.551

表3-7 対応サンプルの相関係数

		N	相関係数	有意確率
ペア1	中間成績 & 期末成績	20	.794	.000

表3-8 対応サンプルの検定

		対応サンプルの差					t値	自由度	有意確率(両側)
		平均値	標準偏差	平均値の標準誤差	差の95%信頼区間				
					下限	上限			
ペア1	中間成績−期末成績	5.800	9.677	2.164	1.271	10.329	2.680	19	.015

では対応のない場合と同様にt値，自由度，有意確率を見てみると，t値が2.68，自由度が19，有意確率が0.015となっています。有意確率は0.05よりも小さいので，帰無仮説を棄却し，対立仮説を採択します。よって結論は"中間テストの成績と期末テストの成績は異なる"です。論文掲載の見本を図3-12に示します。

結　果

あるクラスの中間と期末の成績を比較するために，t検定を行なった。その結果，t(19) = 2.68，p<.05となり，期末成績より中間成績の方が有意に高かった。

Table 2.　中間と期末の国語成績のt検定の結果

	N	平均	標準偏差	t
中間成績	20	75.5	13.39	2.68
期末成績	20	69.6	15.88	

*p<.05

図3-12　論文掲載の見本②

3．1つの対象だけのt検定（1サンプルのt検定）：『クラス平均と学年平均を比較したい』

今までのt検定では1組と2組，中間テストの成績と期末テストの成績を比較していました。これは標本平均同士を比べるための方法です。t検定の最後にあげるこの1サンプルのt検定は，標本平均と仮説として用意された母集団平均（母平均ともいいます）との比較に用いる検定方法です（母平均には1サンプルも含まれています）。

さっそく具体的に見ていきましょう。データは先ほど使った中間成績と期末成績のものをもう一度使いましょう。

① 〈分析〉→〈平均の比較〉→〈1サンプルのt検定〉を選択（図3-13）

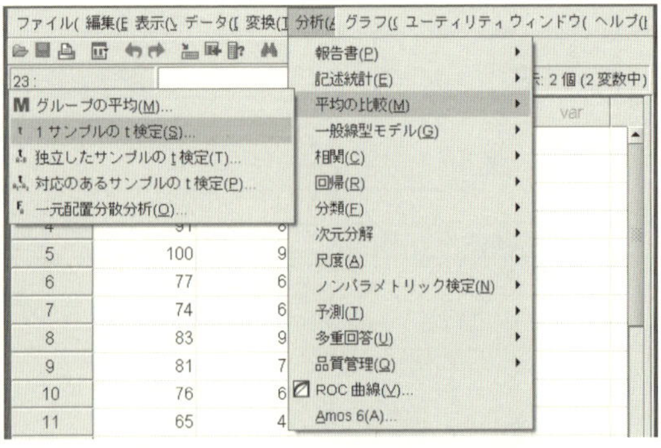

図3-13　1サンプルのt検定の分析手順

② 〈検定変数〉に"期末成績"を，〈検定値〉に"60"と入力し，OKをクリックする（図3-14）

図 3-14　1 サンプルの t 検定

今回の分析でサンプルとなった，例えばA組20人の点数と，学年（A，B，C，D組）の平均の60点とを比較したものだと考えてください。帰無仮説は"A組の成績と学年平均は等しい"，対立仮説は"A組の成績と学年平均は異なる"です。

それでは結果を見てみましょう。

表 3-9　1 サンプルの統計量

	N	平均値	標準偏差	平均値の標準誤差
期末成績	20	69.65	15.879	3.551

表 3-10　1 サンプルの検定

	検定値 = 60					
					差の 95% 信頼区間	
	t値	自由度	有意確率（両側）	平均値の差	下限	上限
期末成績	2.718	19	.014	9.65	2.22	17.08

この分析も今までの t 検定と同じように結果を読んでいきます。論文に必要な t 値，自由度，有意確率の3つです。有意確率が0.05より小さいので，帰無仮説を棄却し，対立仮説"A組の成績と学年平均は異なる"を採択します。論文掲載の見本を図3-15に示します。

結　果
A組の平均成績69.65点と学年平均成績である60点を比較するために，t 検定を行なった。その結果，$t(19) = 2.72$，$p < .05$ となり，A組のほうが高いという有意な差が認められた。

図 3-15　論文掲載の見本③

なお，ここでの $t(19)$ の (19) は，自由度を表わし，2.72は t 値を表わします。これまでの結果にも言えることですが，t 検定の結果を表で示す方法ではなく，式で示すような場合は，この式を必ず表記する必要があることを覚えておきましょう。

第3節 分散分析──『3つ以上の平均値の差を比較したい』

1. 分散分析の基本的考え

　ここからは，3つ以上の平均値の差を比較する方法を述べていきます。2つの平均値を比較する場合はt検定を用いましたが，3つ以上の平均値を比較する場合は分散分析（Analysis of Variance: ANOVA）という方法を用います。分散分析というと統計の本では最も多くのページや数式が費やされており，名前を聞いただけで本を閉じたくなるような人がたくさんいると思います。ですが，本書は超初心者の方でも，分析ができるようになることを目指していますので，あまり肩肘張らずに，一緒に作業をしながら理解していきましょう。

　分散分析の分析方法を選択するにあたり，考えなければならないことは大きく分けると2つです。1つはt検定と同様に対応の有無，もうひとつは"要因"の数です。

　対応は基本的にはt検定と同じです。しかし，分散分析の面倒なところは，対応の有無によって名称がやや変わってしまうところです。対応がないものは"繰り返しのない"や，"被験者間"の分散分析とよばれます。対応があるものは"繰り返しのある"，"反復測定"，"被験者内"などといった名前が分析名の頭につきます。一部に対応があるものは"混合"がつきます（表3-11）。

表3-11　t検定と分散分析の対応の有無による名称の違い

t検定	分散分析
対応なし	「繰り返しのない」「被験者間」
対応あり	「繰り返しのある」「被験者内」「反復測定」一部に対応あり「混合」

　要因とは，広辞苑によると"物事の成立に必要な因子・原因"とあります。例えば今回は国語の成績を3クラスで比較するので，この場合の要因は"クラス"ということになります。クラスの中には1組，2組，3組の3つがあります。この要因の中にあるその内訳のことを"水準"といいます。t検定では，要因が1つで水準が2つの場合に用いるものですから，水準や要因について考慮する必要はなかったのですが，分散分析の場合は，要因が1つ以上と水準が3つ以上なので，考慮が必要になります。したがって要因という言葉とその中には水準というものがあるということを覚えておいてください。要因には他にも性別，国籍，親の収入など，研究したい独立変数が入ってきます。自分の研究の独立変数は何かをしっかりと押さえておかなければ，分析ができないので，間違えないようにしてください。

　要因の数によって1要因，2要因，3要因の分散分析を用います。4つ以上の要因

を同時に検討することはまずありません。研究は少しずつ積み上げていくものなので、一度にたくさんの独立変数を入れすぎると、従属変数を変化させた要因を特定しづらくしてしまうからです。簡単にいうと複雑すぎて、わかりにくいということです。

たくさんの独立変数を同時に検討する場合は1つ要因を減らして分散分析を行なうか、1つの要因を共変量として共分散分析（Analysis of Covariance: ANCOVA）という分析を行なうのが一般的です。共変量とは、分散分析での要因は、それぞれが独立した質的変数なのですが、量的変数も影響を及ぼす要因として扱う分散分析です。いわば、分散分析と後の章に出てくる回帰分析の2つを合わせたようなものなのです。しかし、共分散分析は本書のレベルを超えてしまいますので興味のある方はご自分で勉強してみるといいでしょう。なお3要因における分散分析はSPSSでの操作方法は2要因と基本的に同じなのですが、結果の解釈が少し煩雑になってしまいますので本書では省略します。

話を分析方法の選択に戻します。要因数によって分散分析の手法が異なるということなのですが、要因ごとの対応が明らかになって初めて分析方法が決定されるのです。これが分散分析の一番難しいところです。1要因（同じ人たちで何かを比較するか、違う人たちとの比較か）だと対応の有無だけでいいのですが、2要因だと第1要因（例えば、クラス）、第2要因（例えば、性別）それぞれの対応の有無を考えなければなりません。つまり、"どちらにも対応がある場合"、"どちらにも対応がない場合"、"どちらか一方のみに対応があり、もう一方には対応がない場合"の3つです。これだけを読んでピンとくる人はそれだけで十分統計が得意なのではないでしょうか。ピンとこない人がこの本の対象となる人ですので、今は、わからなくてもOKです。

では、あまり説明ばかりだと疲れてしまいますので、1つずつ具体的に操作しながら理解していきましょう。

2．1要因で繰り返しのない分散分析：
『1組，2組，3組の成績を比較したい』
——対応のない1要因分散分析（1要因被験者間分散分析）

図3-16のデータは1組、2組、3組の中間試験の国語の成績を表わしたものです。1列目は対応のあるt検定と同様に組番号を、2列目に成績を入力してください。

基本的な考え方はt検定とあまり変わりませんので、t検定の流れの延長線上にあるものと考えてください。今回のデータは1組、2組、3組の中間試験の国語の成績を比較しようと試みています。勘のいい方はお気づきかもしれませんが、分散分析でもt検定と同様に仮説を立てます。帰無仮説は"すべてのクラスの平均点は等しい"、対立仮説は"すべてのクラスの平均点は等しくない"です。

① 〈分析〉→〈平均の比較〉→〈一元配置分散分析〉（図3-17）

	クラス	中間国語	var	var	var
1	1	85			
2	1	80			
3	1	79			
4	1	91			
5	1	72			
6	1	68			
7	1	71			
8	1	88			
9	2	77			
10	2	72			
11	2	65			
12	2	60			
13	2	58			
14	2	69			
15	2	76			
16	3	70			
17	3	85			
18	3	62			
19	3	55			
20	3	71			
21	3	73			
22	3	50			
23	3	62			
24	3	80			

図 3-16　1 要因で繰り返しのないデータ

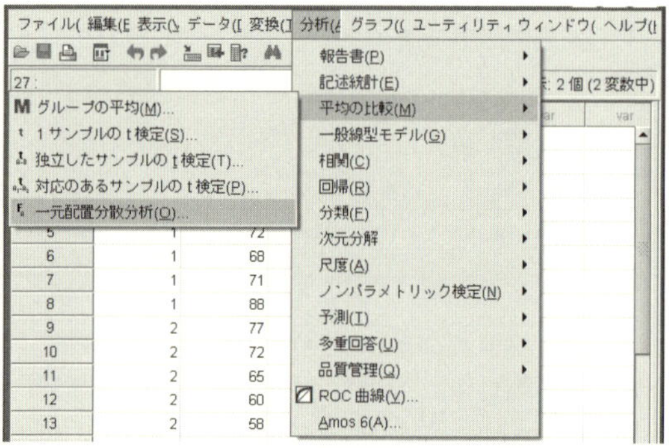

図 3-17　一元配置分散分析の分析手順

t 検定と同様に考えると，1 組，2 組，3 組にはそれぞれ違う人が在籍していますので，対応はありません。分散分析の場合，対応がある場合とない場合とでよび名が異なります。SPSS では分散分析と名がつくものは，この一元配置分散分析だけです。これ以外は，他の名前で登録してある分析を用いて分散分析を行なうようになっています。なぜかは，SPSS 社に問い合わせしてもいいかもしれませんね（笑）。

なお，どの分析を用いるかはその都度説明していきますので，今はあまり深く考えなくて大丈夫です。

②〈従属変数リスト〉に“中間国語”を，〈因子〉に“クラス”を入力（図 3-18）

従属変数は比較するデータである“中間国語”です。因子は要因と同義ですので，要因である“クラス”を入力しておけば SPSS が自動的に判別してくれます。

余談ですが，分散分析の要因は英語で Factor と言います。第 6 章で勉強する因子分析の因子も Factor です。どちらも同じ意味なのですが，日本語では使う部分によ

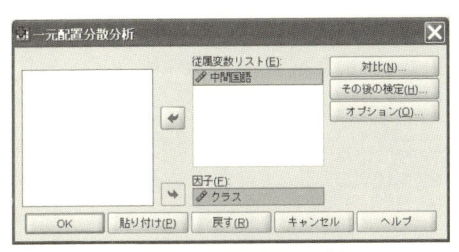

第3章　t検定・分散分析——平均値の差を比較したい

図3-18　一元配置分散分析

って要因または因子とされており，一見別物のように見えてしまいます。SPSSでは分散分析でもFactorをそのまま訳して因子としてあるのでしょうが，初心者にはあまり優しくない表記ですね。

③図3-18の画面で〈その後の検定〉→〈Tukey〉にチェックを入れ，〈続行〉（図3-19）

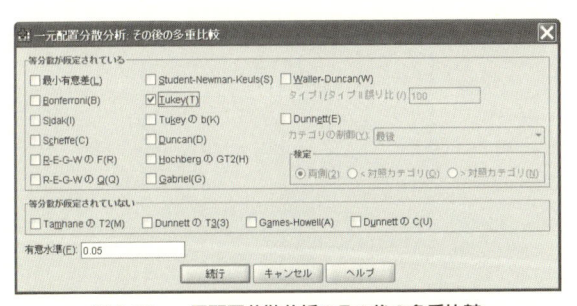

図3-19　一元配置分散分析のその後の多重比較

　図3-19では分散分析の後にさらに検定するためのチェックを行ないました。分析の後にさらに分析するようなニュアンスなので，一見何のことかわからないと思います。平たく考えると，先ほど帰無仮説と対立仮説を立てましたね。この分散分析での対立仮説は"すべてのクラスの平均点は等しくない"でした。この仮説が得られても「なるほど！」とはいえないのです。具体的に，"3クラスの平均値は等しくない"という結果が得られて，何か腑に落ちない感じがしませんか？　t検定では，水準が2つ，すなわち1対1の比較でしたので，"等しくない"という結果が得られれば，どちらが大きいかは一目瞭然だったのですが，3つ以上水準があると，どれが大きいのかわかりませんよね。ぱっと見で平均値が大きい順に順位をつけていいような気がしますが，科学性に重きをおけば，そうはいかないのです。

　極端に例えると，100点満点のテストで1組の平均点は99点，2組は50点，3組は49点だったとします。1組の点数が一番高いという分には問題ないと思いますが，2組と3組に本当に差があったといっていいのでしょうか。このような問題を解決するための検定が"その後の検定"というものです。統計の専門用語で"多重比較"と

いいます。

多重比較にはさまざまな方法があります。SPSS に用意されているだけでもたくさんありますが、本書では論文などで最もよく見かける Tukey の HSD 法を用いることにします。Tukey の HSD 法は，それぞれの水準を t 検定のように 1 対 1 で比較する際，最も厳しい基準を一律に採用し，比較するものです。なお場合によっては見かける Bonferroni 法は，有意水準を比較する水準数で割って用いるものです。それぞれの多重比較の方法の理論や利点，欠点などについては，興味のある方は調べてみるといいでしょう。

④図 3-18 の画面で〈オプション〉→〈記述統計量〉〈平均値のプロット〉にチェックを入れ，〈続行〉をクリック（図 3-20）

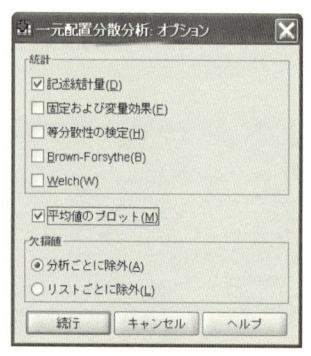

図 3-20　一元配置分散分析のオプション

記述統計量は t 検定でも用いた平均値や標準偏差など基礎的な統計量を表わすためのチェックです。平均値のプロットとは，SPSS に自動的に平均値の図を描かせるためのものです。

それでは結果を見ていきましょう。

表 3-12 の記述統計が今回のデータから得られた基礎統計量になります。一番左の 1，2，3 はクラスを表わしています。次の度数は人数のことです。t 検定では N と表記されていた部分のことですね。このほか，詳しくはふれませんが，実験研究で平均値のばらつきを示したい場合には，標準偏差の代わりに標準誤差を用いたほうがベターだったり，最大値，最小値を記述しなければならなかったりする必要があります。発表先に応じて記述する結果を選びましょう。

表 3-13 が分散分析の中で最も重要な部分です。この表を分散分析表といいます。そのままの名前ですが，ぜひ覚えておいてください。見なければならない部分は自由度，F 値，有意確率の 3 つです。平方和，平均平方については計算が必要になるため詳しくはふれませんが，どちらも分散分析の結果である F 値を出すために必要な値です。

第3章　t検定・分散分析——平均値の差を比較したい

表3-12　記述統計

中間国語

	度数	平均値	標準偏差	標準誤差	平均値の95%信頼区間		最小値	最大値
					下限	上限		
1	8	79.25	8.413	2.975	72.22	86.28	68	91
2	7	68.14	7.471	2.824	61.23	75.05	58	77
3	9	67.56	11.370	3.790	58.82	76.30	50	85
合計	24	71.63	10.558	2.155	67.17	76.08	50	91

表3-13　分散分析

中間国語

	平方和	自由度	平均平方	F値	有意確率
グループ間	699.046	2	349.523	3.937	.035
グループ内	1864.579	21	88.789		
合計	2563.625	23			

　F値はF分布とよばれる比率の分布から得られる値です。分散分析では得られたデータを要因の効果（今回ではクラスの違いという効果）とその他の効果（いわゆる誤差）とに分解し，その比率を求め，誤差に対し要因の効果が有意に大きいかどうかを検定します。言葉で説明するとわかりづらいですが，図で示すと図3-21のようになります。

| 各データ | = | すべての平均 | + | 要因の効果 | + | 誤差の効果 |

図3-21　分散分析のデータの考え方

　1要因の場合は，要因の効果は1つですので，データはこのように分解できると考えます。今回のデータでは各クラスでの成績の違いがあるかどうかを見るので，要因の効果はクラスです。クラスは対応がありませんので，グループ間の行の平均平方の値を読みます。これが要因の効果の値です。誤差の効果は，データでは測定していない，例えば家庭学習時間の長さや塾や予備校に通っているかどうかなどといったものです。誤差はどのクラスにも起こり得ることとして，グループ内の行の平均平方を誤差の値とすることになっています。このようにデータを分解し，要因の効果を誤差の効果で除算します（349.523÷88.789≒3.937）。得られた値がF値ということになります。

　分散分析ではF値を検定の結果として表記します。F値を表記する際に必要な自由度は要因の自由度と誤差の自由度の2つです。この表からはグループ間の自由度が要因の自由度，グループ内が誤差の自由度です。このことを$F(2,21)=3.94$と表記します。

　今回の結果（有意確率）からは5％水準で要因の効果が有意であったことがわかります。したがって帰無仮説を棄却し，対立仮説である"すべてのクラスの平均点は等しくない"を採用します。このとき，要因の効果が認められた場合，"主効果があった"と表記します。クラスの効果，つまりクラスによる違いがあったということを，

そういう言葉を使って表わすものだと思っておいてください。次は，どのクラスの平均点が高いのかの検定結果を確認していきます。

表 3-14　多重比較

従属変数: 中間国語
Tukey HSD

(I)クラス	(J)クラス	平均値の差(I-J)	標準誤差	有意確率	95% 信頼区間	
					下限	上限
1	2	11.11	4.877	.081	-1.19	23.40
	3	11.69*	4.579	.047	.15	23.24
2	1	-11.11	4.877	.081	-23.40	1.19
	3	.59	4.749	.992	-11.38	12.56
3	1	-11.69*	4.579	.047	-23.24	-.15
	2	-.59	4.749	.992	-12.56	11.38

*. 平均の差は .05 で有意

　表 3-14 の多重比較によって各クラスの平均点の大小関係を表わす結果です。多重比較では，t 検定のように 1 対ずつの平均値を比較します。したがって（I）と（J）の組み合わせが同じもの，1－2 と 2－1 は同じ結果だとみなしてよいのです。また，t 検定同様に帰無仮説は"2 つの平均値は等しい"，対立仮説は"2 つの平均値は異なる"です。

　多重比較で見なければならない結果は有意差があったかどうかだけです。今回 1－3 と 3－1 の部分に＊がついていますが，これらは同じものなので，片方だけを見ます。したがって，この表から明らかになったことは，"1 組と 3 組の平均値は異なる"ということです。

　図 3-22 は平均値をプロットしてあるものです。視覚化することで 1 組の得点が高いのがはっきりとわかりますね。

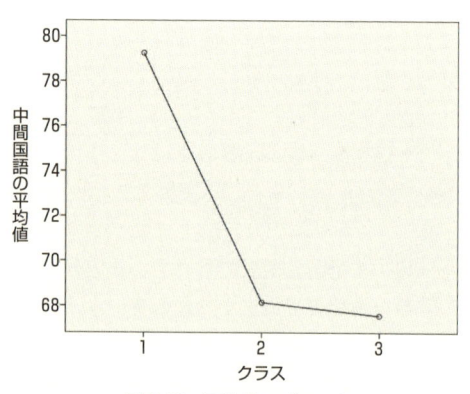

図 3-22　平均値のプロット

　最後に論文に記載するために結果をまとめてみましょう。分散分析の場合，"図"または"分散分析表と平均値の表を合わせたもの"のいずれかを載せていれば一段と

わかりやすいでしょう。分散分析表の例を図 3-23 に載せておきます。図は SPSS で作成されたものをそのまま載せるとあまりきれいではありませんので，Excel などで見栄えよく作り直してから載せるようにしてください。なお分散分析式の作り方を図 3-24 に示しました。

結　果
1組，2組，3組の中間試験の国語の成績を比較するために分散分析を行なった。その結果，$F(2,21)=3.94$，$p<.05$ となり，クラスの主効果が認められた。HSD 法による多重比較の結果，1組の成績は3組の成績に対し，有意に高いことが認められた（$p<.05$）。

Table 3. 3クラスの国語の成績における分散分析の結果

クラス	平均値	標準偏差	F
1	79.3	8.41	3.94*
2	68.1	7.47	
3	67.6	11.37	

$N=8\sim9$　　　　　　　　　　　$*p<.05$

図 3-23　論文掲載の見本④

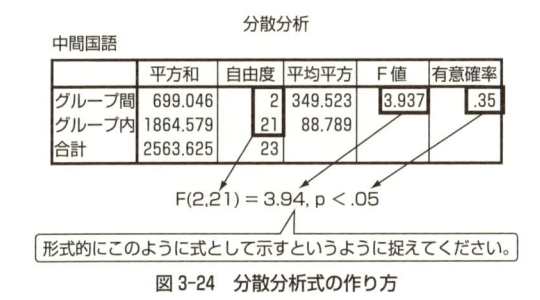

分散分析

中間国語

	平方和	自由度	平均平方	F値	有意確率
グループ間	699.046	2	349.523	3.937	.35
グループ内	1864.579	21	88.789		
合計	2563.625	23			

$F(2,21) = 3.94, p < .05$

形式的にこのように式として示すというように捉えてください。

図 3-24　分散分析式の作り方

3．1要因で繰り返しのある分散分析：
『同じクラスの中で各科目の成績を比較したい』
——対応のある1要因分散分析（1要因被験者内分散分析）

　図 3-25 のデータはあるクラスの国語，数学，英語の仮想データです。同じ人たちからデータを得ていますので，対応があるデータです。同じ人たちから繰り返しデータを採取しますので，分散分析では対応があることを"繰り返しのある"といいます。
　このクラスの人は国語，数学，英語のどの科目が得意なのかを調べていきます。検定するための帰無仮説は"3つの科目の成績は等しい"，対立仮説は"3つの科目の成績は異なる"です。
　繰り返しのある分析（反復測定）を行なうには，従来の基本となる SPSS だけでは，分析することができません。SPSS の Advanced Statistics（名称はバージョンによっ

図 3-25　1 要因で繰り返しのあるデータ

てやや異なります）の購入が必要です。心理系の大学には，パソコンルームに入れている場合が多いので，学生の方は聞いてみてくださいね。

① 〈分析〉→〈一般線型モデル〉→〈反復測定〉（図 3-26）

図 3-26　1 要因の反復測定のデータ

対応のある分散分析は繰り返し測定するので，反復測定といいます。

対応のある分散分析は，対応のない分散分析と操作方法や結果を読む部分がまったく異なります。しかし，基本的な考え方は同じですので，慣れてしまえば簡単にできます。

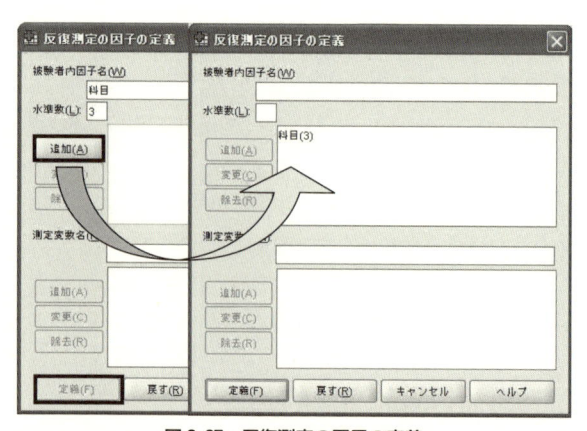

図 3-27　反復測定の因子の定義

②〈反復測定の因子の定義〉というダイアログボックスが出てきますので，〈被験者内因子名〉に"科目"と入力→〈水準数〉に"3"と入力→〈追加〉をクリック（図 3-27）

因子名のところは要因の名前を入れます。国語，数学，英語なのでここでは「科目」とします。慣れてきたら入力の手間を惜しんで因子名をそのまま因子1のままで分析を進めてもよいのですが，慣れないうちは手間を惜しまず自分にも他人にもわかりやすい表示を心がけましょう。

先ほどの"繰り返しのない分散分析"のところでも少し説明した水準数がようやく出てきましたね。自信をもって"3"と入力しましょう。なぜ3なのかわからない方は，もう一度分散分析の説明を読み直してみましょう。

〈追加〉をクリックすると科目が下の枠内に入り，要因の名前とその水準数が入ります。〈定義〉をクリックして次の画面に進んでください。

③〈被験者内変数〉に"国語""数学""英語"を入力（図 3-28）

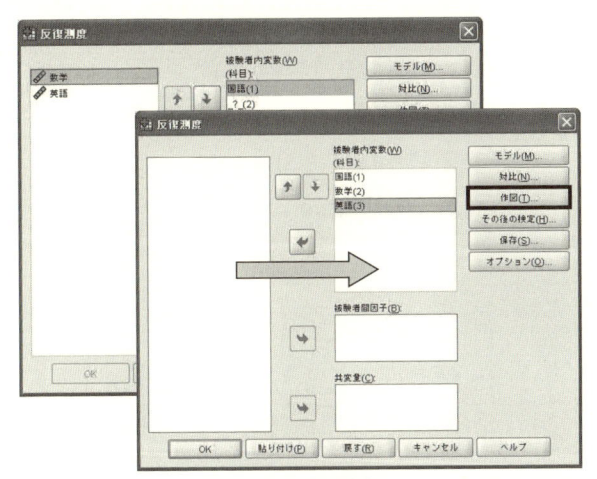

図 3-28　反復測定

入力する際は左側に変数名が出ていますので，それを反転させ，**中央の右向き矢印をクリック**することで被験者内変数の中に入力することができます。

④図 3-28 の〈作図〉をクリック→図 3-29 の〈横軸〉に"科目"を入力→〈追加〉

対応のない分散分析ではオプションでチェックを入れるだけでしたが，対応のある分散分析ではこのように設定します。

"科目"で間違いないことを確認し，〈続行〉をクリック

⑤図 3-28 の画面で〈オプション〉をクリック→図 3-30 の〈平均値の表示〉に"科目"を入力→〈主効果の比較〉にチェック→〈信頼区間の調整〉で〈Bonferroni〉を選択→〈表示〉の〈記述統計〉にチェック→〈続行〉をクリック

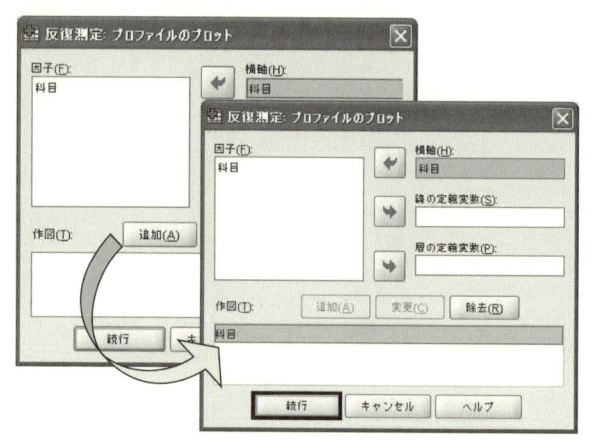

図 3-29　反復測定：プロファイルのプロット

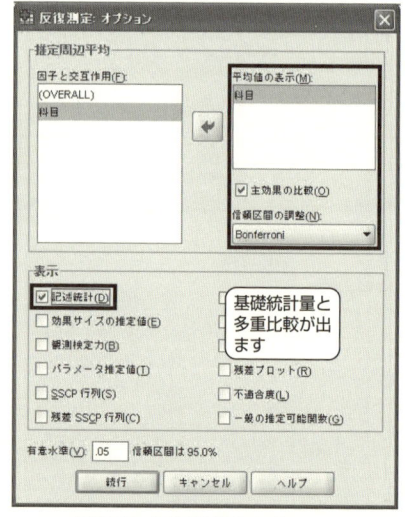

図 3-30　反復測定のオプション

　ここでは一度に基礎統計量の出力と多重比較の方法を選択しました。

　すべての入力が終わったら図 3-28 の画面に戻りますので，〈OK〉をクリックして結果を出力させましょう。出力された結果の中で，見なければならない部分のみピックアップしたものが，表 3-15～表 3-17 です。

　表 3-15 の結果は，科目の数字と変数名（科目名）の対応を表わしています。基礎統計量や多重比較の結果の際に 1～3 の数字で科目名が記されますので，押さえておいてください。

表3-15 被験者内因子

測定変数名: MEASURE_1

科目	従属変数
1	国語
2	数学
3	英語

表3-16 記述統計量

	平均値	標準偏差	N
国語	66.60	7.763	10
数学	81.70	10.894	10
英語	69.00	11.605	10

表3-16は平均値，標準偏差，対象者数（N）を表わしています。いつもの見慣れた表ですね。

表3-17 Mauchlyの球面性検定b

測定変数名:MEASURE_1

| 被験者内効果 | MauchlyのW | 近似カイ2乗 | 自由度 | 有意確率 | イプシロン[a] | | |
					Greenhouse-Geisser	Huynh-Feldt	下限
科目	.672	3.186	2	.203	.753	.871	.500

正規直交した変換従属変数の誤差共分散行列が単位行列に比例するという帰無仮説を検定します。

a. 有意性の平均検定の自由度調整に使用できる可能性があります。修正した検定は，被験者内効果の検定テーブルに表示されます。

b. 計画: 切片
 被験者計画内: 科目

《上級者への豆知識》

厳密にいうと，表3-17のMauchly（モークリー）の球面性検定で，球面性の仮定が棄却されなければ，等分散であることになり，表3-18の被験者内効果の検定で"球面性の仮定"を見ることになります。本来は，このように先にMauchlyの球面性検定を確認することが必要ですが，慣れるまでは，等分散であると仮定して，表3-18の"球面性の仮定"を見るようにしましょう。Greenhouse-Geisser（グリーンハウス・ゲイザー）やHuynh-Feldt（ホイン・フェルト）の有意確率は，Mauchlyの球面性検定が棄却されたときに見るようになります。初心者の方は，よいデータを揃えるという観点から，最初は球面性が成立するようなデータを用いるようにしましょう。

表3-18が対応のある分散分析の結果表になります。この表の中で，科目と誤差それぞれの"球面性の仮定"の行だけを読みます。科目の有意確率が5％未満（0.05以下）ですので，主効果が認められました。この結果から対立仮説"3つの科目の成績は異なる"を採用することになります。

表 3-18 被験者内効果の検定

測定変数名:MEASURE_1

ソース		タイプIII 平方和	自由度	平均平方	F 値	有意確率
科目	球面性の仮定	1316.867	2	658.433	5.860	.011
	Greenhouse-Geisser	1316.867	1.505	874.718	5.860	.020
	Huynh-Feldt	1316.867	1.742	755.992	5.860	.015
	下限	1316.867	1.000	1316.867	5.860	.039
誤差(科目)	球面性の仮定	2022.467	18	112.359		
	Greenhouse-Geisser	2022.467	13.549	149.267		
	Huynh-Feldt	2022.467	15.677	129.007		
	下限	2022.467	9.000	224.719		

表 3-19 ペアごとの比較

測定変数名:MEASURE_1

(I) 科目	(J) 科目	平均値の差 (I-J)	標準誤差	有意確率[a]	95%平均差信頼区間[a]	
					下限	上限
1	2	-15.100*	4.741	.033	-29.007	-1.193
	3	-2.400	3.364	1.000	-12.267	7.467
2	1	15.100*	4.741	.033	1.193	29.007
	3	12.700	5.799	.169	-4.309	29.709
3	1	2.400	3.364	1.000	-7.467	12.267
	2	-12.700	5.799	.169	-29.709	4.309

推定周辺平均に基づいた
＊．平均の差は .05 水準で有意です。
a．多重比較の調整：Bonferroni。

　表3-19のペアごとの比較ではBonferroni法による多重比較の結果が表わされています。方法は異なれども対応のない分散分析で用いたHSD法と同じ表です。読み方もまったく同じです。

　この表からは，科目1と2，つまり国語と数学との間に有意な差があることが認められました。したがって数学の成績は国語の成績に比べて有意に高いということがわ

MEASURE_1の推定周辺平均

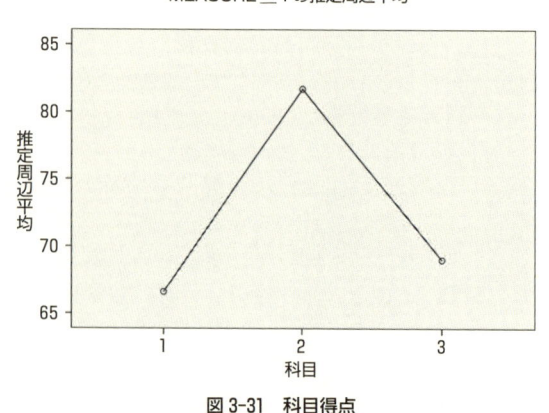

図 3-31 科目得点

かりました。なお作図したものを図3-31に示しました。視覚的にすることで科目2，つまり数学が高いことがわかりますね。

では最後に論文への記載方法（図3-32）を載せてこの項を終わりにしましょう。

結　果
あるクラスの国語，数学，英語の成績を比較するために分散分析を行なった。その結果，F(2,18)=5.86, p<.05となり，科目の主効果が認められた。Bonferroni法による多重比較の結果，数学の成績は国語の成績に対し，有意に高いことが認められた（p<.05）。

Table 4. 教科成績における分散分析の結果

科目	平均値	標準偏差	F
国語	66.6	7.76	5.86*
数学	81.7	10.89	
英語	69.0	11.61	

N=10　　　　　　　　　　　　　　　　*p<.05

図3-32　論文掲載の見本⑤

4．2要因で繰り返しのない分散分析：『入学時の成績と現在の学習時間で現在の成績がどのように異なるか比較したい』——対応のない2要因分散分析（2要因被験者間分散分析）

今までは1要因の分散分析を勉強してきました。ここからは要因を1つ追加して2要因の分散分析に入っていきます。同じ分散分析ですので考え方はあまり変わりませんが，1点だけ大きく異なる部分があります。それは"交互作用"というものの存在です。

1要因の分散分析では，データは要因の効果と誤差の効果に分解できると説明しましたね。2要因では，要因1の効果，要因2の効果，要因1と2の交互作用の効果，誤差の効果に分解されます。図示すると図3-33のようになります。

　　各データ　＝　すべての平均　＋　要因1の効果　＋　要因2の効果　＋
　　　　　　　　　要因1と要因2の交互作用　＋　誤差の効果

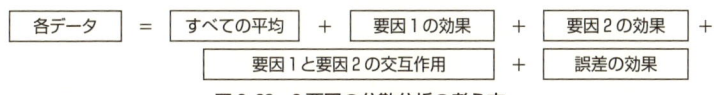

図3-33　2要因の分散分析の考え方

交互作用とは，それぞれ独立している要因1と要因2の中で，要因1の1つの水準が要因2の1つの水準と関連しあって従属変数に影響を与えること意味します。具体的に説明すると，次のようになります。

アロマを使うとリラックスできることを調べたいとき，アロマを使う前と使った後でどの程度リラックスできたかを調べます。仮にそのようなデータを集めたとして，期待していた結果が得られなかったとします。考えられる原因のひとつに，実験に参加してくれた人たちの特徴が考えられます。例えば，普段からあまりストレスを感じ

ていない人と，ストレスが溜まっていた人での参加者の偏よりがあった可能性が考えられます。そこでストレスをあまり感じていない人とストレスが溜まっている人とを実験条件に加え，もう一度実験を行なってみます。するとストレスが溜まっていた人はリラックスでき，あまりストレスを感じていない人はそれ以上リラックスできなかったという結果が得られたとします。こうなると，ストレスが溜まっている人にはアロマは効果的であるということになりますね。このように２つの要因（「ストレスが溜まる」と「アロマを使う」）が重なったときに効果が現われるものを交互作用といいます。

　結果の読み方も１要因より少し複雑になってきます。要因が２つありますので，主効果の結果が２つ出てきます。それぞれの読み方は１要因の主効果と同じです。ただし，交互作用が認められた場合のみ話が別です。交互作用が認められた場合，他の主効果の結果は無視します。その代わり，"単純主効果検定"というものを行ないます。単純主効果検定とは，片方の要因の効果を水準ごとに分析していくものです。例えば，２要因の分散分析で，第１要因の水準数が２つ，第２要因の水準数が３つの場合，第１要因の第１水準で第２要因の効果を検定し，次いで第１要因の第２水準で第２要因の効果を検定します。逆に言えば，第２要因の第１水準で第１要因の効果を検定……のように１つひとつを検定していきます（第１要因の水準２×第２要因の水準３＝６パターンの検定となります）。つまり，他の主効果の結果と同様に多重比較を行ないます。

　さて，だいぶ話が難しくなってしまいましたので，出てきたときに確認しながら２要因の分散分析をマスターしていきましょう。

　では，図3-34 のデータを入力してください。

	入学時	学習時間	成績
1	1	1	90
2	1	1	88
3	1	1	85
4	1	1	76
5	1	2	85
6	1	2	75
7	1	2	68
8	1	2	71
9	2	1	77
10	2	1	80
11	2	1	91
12	2	1	68
13	2	2	70
14	2	2	66
15	2	2	80
16	2	2	55

図 3-34　二要因の分散分析のデータ

この仮想データは入学時の成績と現在の学習時間によってテストの成績が異なるかを検討するためのデータです。入学時の成績が高かった人を1，低かった人を2（高―低），現在の学習時間が長い人を1，短い人を2（長―短）と名義尺度で入力しています。入学時の成績が高かった人と低かった人には対応がありませんね。同様に現在の学習時間が長い人と短い人にも対応がありませんね。したがってこのデータは2要因とも対応がないものです。

次は仮説を立てるのですが2要因になると仮説が"帰無仮説"と"対立仮説"の1対では済まなくなります。今までは要因は1つだけだったので1対で良かったのですが，2要因になると要因1の仮説，要因2の仮説，交互作用の仮説からなる"帰無仮説と対立仮説"の3対を検討しなければなりません。要因が1つ増えるだけで検討しなければならないことが一気に増えましたね。だからなるべく要因を絞って研究することが望ましいわけです。3要因以上の分析結果を示す研究が少ないのもそのためです。

では，今回のデータの帰無仮説のみを立ててみましょう。対立仮説はその反対ですので，慣れてきた方は簡単に立てられますね。慣れてない方はもう一度この章を読み直してみましょう。1つ目の帰無仮説は"入学時の成績とテストの成績は等しい"，2つ目は"現在の学習時間とテストの成績は等しい"，3つ目は"入学時の成績と学習時間で分けられる4群（高―長，高―短，低―長，低―短）の平均値は等しい"です。

ラベルが1，2では少しわかりにくいので，変数ビューに値ラベルを入れておきましょう（図3-35）。

図3-35　値ラベル

変数ビューのタブをクリックし，入学時の値ラベルをクリックすると，図3-35のウィンドウが出てきます。入学時の成績（図3-35左）では，値に"1"，値ラベルに"高"を入れて〈追加〉をクリックします。下のボックスに"1"="高"と入りますので，同様にして値"2"が"低"であることも定義してください。学習時間についても図3-35右のように定義してください。

それではさっそく2要因の分散分析に進みましょう。

①〈分析〉→〈一般線型モデル〉→〈1変量〉を選択（図3-36）

図3-36　1変量の分析手順

②〈従属変数〉に"成績",〈固定因子〉に"入学時"と"学習時間"を入力（図3-37）

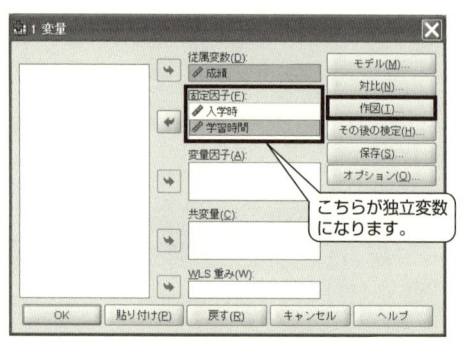

図3-37　1変量

ここで独立変数と従属変数の設定を行ないます。これは"繰り返しのない1要因の分散分析"と似ていますね。

③図3-37の〈作図〉→図3-38の〈横軸〉に"学習時間",〈線の定義変数〉に"入学時"を入力し,〈追加〉

これも今まで同様,図を作成するためのものです。今までは1本の折れ線グラフでしたが,2要因では軸が2本必要になります。その2本をどのように分けるかを設定するのが〈線の定義変数〉というわけです。どのような図が出てくるかは結果の最後に示します。もし自分のデータで選択する際は,時間の流れや大きさなど,連続できる独立変数を横軸に,完全に独立しているものを線の定義変数とするとよいでしょう。

図3-38の〈追加〉をクリックすると下のボックスにモデルが表示されますので,

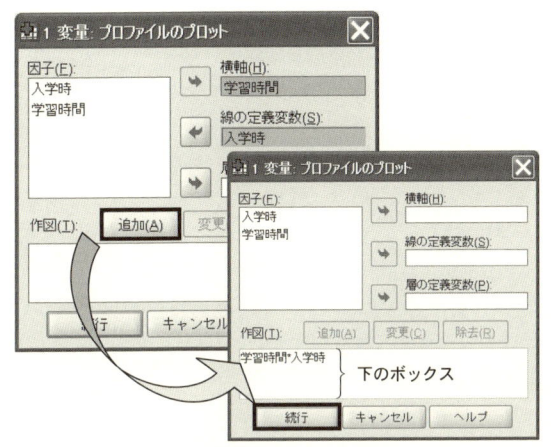

第3章　t検定・分散分析——平均値の差を比較したい

図3-38　1変量のプロファイルのプロット

〈続行〉をクリックして前の画面に戻ってください。

④図3-37の〈その後の検定〉→図3-39の右枠の〈その後の検定〉に"入学時"と"学習時間"を入力→〈Tukey〉にチェック→〈続行〉

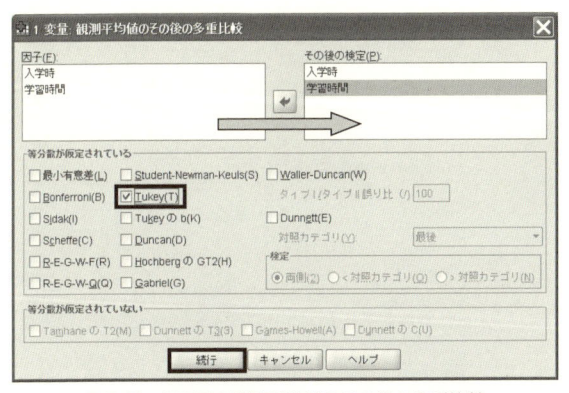

図3-39　1変量の観測平均値のその後の多重比較

ここでは多重比較の設定を行ないました。今回のデータではどちらの要因も2水準しかありませんので，要因の主効果において多重比較は行なわれません。"主効果が認められた"＝"その要因の中で差がある"，ということなので，2水準で差があるということが明らかになれば，それらの大小関係は数字を読めば明らかだからです（t検定と同じですね）。

一方，交互作用が認められた場合は4群ありますので，ここで指定した多重比較の意味が出てきます。

《上級者への豆知識》

　Tukey 法には大別すると Tukey の HSD 法と Tukey の b 法（WSD 法）の２つがあります。一般的に Tukey 法といえば HSD 法を指します。HSD 法は群間ですべての一対比較を同時に検定するための多重比較法です。つまり，どの群間を比較する際にも同じ基準を用いるため，非常に厳しい，つまり差が出にくい検定方法です。現在の論文ではこの多重比較を用いることが一般的です。

　その後，HSD 法では厳しすぎるということで，SNK 法という方法が作られました。しかし SNK 法では検定基準が緩すぎるということで次第に用いられなくなってきました。そこで HSD 法と SNK 法の中間程度の検定力をもつ WSD 法（Tukey の b 法）が開発されました。この方法は現在でも認められてはいるのですが，あまり使われることはないようです。

　"科学"であるからには微妙な違いではなく，明確な違いのあるほうが望ましいので，より厳しい検定基準を採用していると考えられます。

⑤図 3-37 の〈オプション〉→図 3-40 の右枠の〈平均値の表示〉に"入学時"，"学習時間"，"入学時＊学習時間"を入力→〈主効果の比較〉にチェック→〈信頼区間の調整〉に"Bonferroni"→〈記述統計〉にチェック→〈続行〉

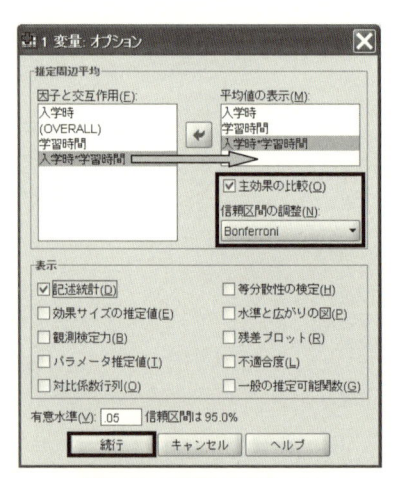

図 3-40　１変量のオプション

　多重比較の設定を行ないました。ちなみに〈記述統計〉の下にある〈効果サイズの推定値〉が効果量を算出するチェックとなります（偏 η^2 で "η" は "イータ"）。

　それでは結果を見ていきましょう。最初に表 3-20 のような警告が出てきます。これは今回の各要因の中の水準数が２つなので出てきたものです。水準数が２つでしたら等しいという帰無仮説が棄却されればすぐにどちらが大きいかわかるからです。

表 3-20 警告

グループが 3 つ未満しかないので，入学時にたいしてはその後の検定は実行されません。グループが 3 つ未満しかないので，学習時間にたいしてはその後の検定は実行されません。

　表 3-21 は変数ビューで登録したそれぞれの数字が表わすものを示しています。1 要因のときと同じですが，2 要因では"入学時"が表わす 1 と 2 と，"学習時間"が表わす 1 と 2 は違いますので，見まちがえないように気をつけましょう。

表 3-21 被験者間因子

		値ラベル	N
入学時	1	高	8
	2	低	8
学習時間	1	長	8
	2	短	8

　表 3-22 で各群の平均値，標準偏差，対象者数（N）を表わしています。論文に記述する際に必要になりますので，必ず押さえておいてください。

表 3-22 記述統計量

従属変数: 成績

入学時	学習時間	平均値	標準偏差	N
高	長	84.75	6.185	4
	短	74.75	7.411	4
	総和	79.75	8.276	8
低	長	79.00	9.487	4
	短	67.75	10.340	4
	総和	73.38	10.980	8
総和	長	81.88	8.026	8
	短	71.25	9.130	8
	総和	76.56	9.953	16

　今回は対応のない分散分析ですので，それをふまえて表 3-23 の被験者間効果の結果を読んでいきます。まず入学時の主効果，学習時間の主効果，入学時と学習時間の交互作用の 3 つを見ます。入学時の有意確率は 0.160 なので主効果は認められませんでした。学習時間の有意確率は 0.028 なので主効果は認められました。交互作用（入学時×学習時間のこと）の有意確率は 0.886 なので，認められませんでした。

表 3-23 被験者間効果の検定

従属変数: 成績

ソース	タイプIII平方和	自由度	平均平方	F 値	有意確率
修正モデル	615.688a	3	205.229	2.830	.083
切片	93789.063	1	93789.063	1293.271	.000
入学時	162.563	1	162.563	2.242	.160
学習時間	451.563	1	451.563	6.227	.028
入学時 * 学習時間	1.563	1	1.563	.022	.886
誤差	870.250	12	72.521		
総和	95275.000	16			
修正総和	1485.938	15			

a. R2乗 = .414 (調整済みR2乗 = .268)

　表 3-24 は入学時（要因 1）の主効果が認められた場合，多重比較を行なうために

表3-24 推定値

従属変数: 成績

入学時	平均値	標準誤差	95%信頼区間 下限	上限
高	79.750	3.011	73.190	86.310
低	73.375	3.011	66.815	79.935

必要な平均値です。学習効果を考えずに入学時成績の高群と低群の平均値と標準誤差を示したものです。入学時成績の平均値どうしを比較し、多重比較を行なうわけです（表3-25）。

表3-25が入学時（要因1）のBonferroni法による多重比較の結果です。読み方は1要因の分散分析のときに出てきた多重比較の結果と同じです。ただし、入学時の要因に主効果が認められなかったので、今回は読む必要がありません。

表3-25 ペアごとの比較

従属変数: 成績

(I)入学時	(J)入学時	平均値の差(I-J)	標準誤差	有意確率[a]	差の95%信頼区間 下限	上限
高	低	6.375	4.258	.160	-2.902	15.652
低	高	-6.375	4.258	.160	-15.652	2.902

推定周辺平均に基づいた
a. 多重比較の調整: Bonferroni.

表3-26は学習時間（要因2）だけの平均値と標準誤差です。読み方は上にあげた入学時の要因と同じです。

表3-26 推定値

従属変数: 成績

学習時間	平均値	標準誤差	95%信頼区間 下限	上限
長	81.875	3.011	75.315	88.435
短	71.250	3.011	64.690	77.810

表3-27は学習時間の多重比較の結果です。学習時間は主効果が認められていましたね。そのため、有意差が認められたものは、1要因の分散分析の時の多重比較同様、平均値の差に*が示されます。

表3-27 ペアごとの比較

従属変数: 成績

(I)学習時間	(J)学習時間	平均値の差(I-J)	標準誤差	有意確率[a]	差の95%信頼区間 下限	上限
長	短	10.625*	4.258	.028	1.348	19.902
短	長	-10.625*	4.258	.028	-19.902	-1.348

推定周辺平均に基づいた
*. 平均値の差は.05水準で有意です。
a. 多重比較の調整: Bonferroni.

表3-28は入学時、学習時間の交互作用について多重比較を行なうための平均値と標準偏差です。今回の結果では交互作用が認められませんでしたので、多重比較は行

表 3-28　入学時*学習時間

従属変数 成績

入学時	学習時間	平均値	標準誤差	95% 信頼区間	
				下限	上限
高	長	84.750	4.258	75.473	94.027
	短	74.750	4.258	65.473	84.027
低	長	79.000	4.258	69.723	88.277
	短	67.750	4.258	58.473	77.027

ないません。

なお，さらに交互作用が認められた場合には，図 3-37 の図の左下のほうにある〈貼り付け〉をクリックし，図 3-41 のような多重比較ができる式を自分で作って入れていきます。結果を出力するには右向き三角のアイコン（コマンドの実行）をクリックしてください。

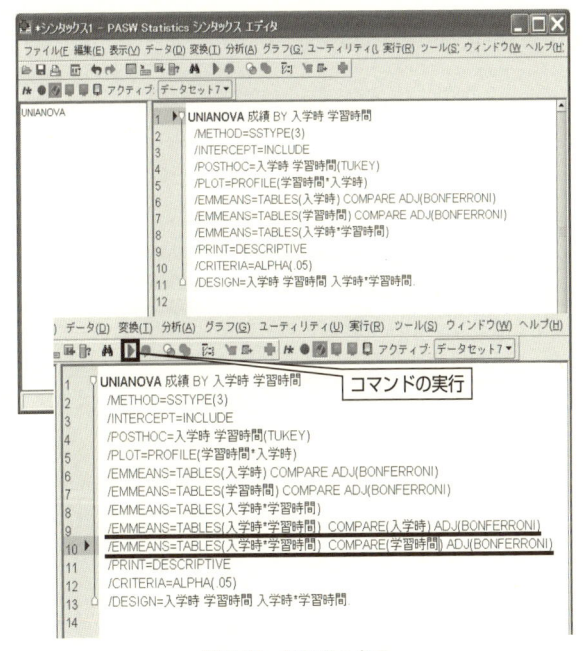

図 3-41　シンタックス
〈シンタックス〉ウィンドウが現われるので，下図の下線部分を加筆する。

詳しい意味はあまり知らなくても大丈夫ですが，一言で説明すると"単純主効果検定を行なうためのプログラム"だと思ってください。これらを加えることによって，先ほどの結果に表 3-29～表 3-34 の結果がさらに出力されます。

まず入学時＊学習時間（学習時間による入学時の成績の高―低の成績）の結果が示されます（表 3-29～表 3-31）。

表 3-29　推定値

従属変数：成績

入学時	学習時間	平均値	標準誤差	95%信頼区間	
				下限	上限
高	長	84.750	4.258	75.473	94.027
	短	74.750	4.258	65.473	84.027
低	長	79.000	4.258	69.723	88.277
	短	67.750	4.258	58.473	77.027

表 3-30　ペアごとの比較

従属変数：成績

学習時間	(I)入学時	(J)入学時	平均値の差 (I-J)	標準誤差	有意確率[a]	95%平均差信頼区間[a]	
						下限	上限
長	高	低	5.750	6.022	.358	−7.370	18.870
	低	高	−5.750	6.022	.358	−18.870	7.370
短	高	低	7.000	6.022	.268	−6.120	20.120
	低	高	−7.000	6.022	.268	−20.120	6.120

推定周辺平均に基づいた
a．多重比較の調整：Bonferroni。

表 3-31　1 変量検定

従属変数：成績

学習時間		平方和	自由度	平均平方	F 値	有意確率
長	対比	66.125	1	66.125	.912	.358
	誤差	870.250	12	72.521		
短	対比	98.000	1	98.000	1.351	.268
	誤差	870.250	12	72.521		

F 値は入学時の多変量効果を検定します。この検定は推定周辺平均間で線型に独立したペアごとの比較に基づいています。

　表 3-29〜表 3-31 は単純主効果検定で，入学時の成績の高一低の成績を比較しています。表 3-30 のペアごとの比較が Bonferroni 法による多重比較の結果で，表 3-31 に出てきた〈1 変量検定〉が単純主効果検定の結果です。このデータでは交互作用（有意確率のところ）が有意ではないので，当然単純主効果検定もその後の多重比較も有意ではありません。

表 3-32　推定値

従属変数：成績

入学時	学習時間	平均値	標準誤差	95%信頼区間	
				下限	上限
高	長	84.750	4.258	75.473	94.027
	短	74.750	4.258	65.473	84.027
低	長	79.000	4.258	69.723	88.277
	短	67.750	4.258	58.473	77.027

第3章　t検定・分散分析——平均値の差を比較したい

表3-33　ペアごとの比較

従属変数：成績

入学時	(I)学習時間	(J)学習時間	平均値の差(I-J)	標準誤差	有意確率[a]	95%平均差信頼区間[a]	
						下限	上限
高	長	短	10.000	6.022	.123	−3.120	23.120
	短	長	−10.000	6.022	.123	−23.120	3.120
低	長	短	11.250	6.022	.086	−1.870	24.370
	短	長	−11.250	6.022	.086	−24.370	1.870

推定周辺平均に基づいた
a．多重比較の調整：Bonferroni。

表3-34　1変量検定

従属変数：成績

入学時		平方和	自由度	平均平方	F値	有意確率
高	対比	200.000	1	200.000	2.758	.123
	誤差	870.250	12	72.521		
低	対比	253.125	1	253.125	3.490	.086
	誤差	870.250	12	72.521		

F値は学習時間の多変量効果を検定します。この検定は推定周辺平均間で線型に独立したペアごとの比較に基づいています。

　表3-32～表3-34は学習時間の長—短を比較した結果です。なお，3水準以上のデータを用いる場合，シンタックスを入力して多重比較を行なうようにしてください。

　単純主効果検定の詳しい読み方は次項で説明しますので，今はこんなことができるんだ，と頭の片隅に入れておいてください。

成績の推定周辺平均

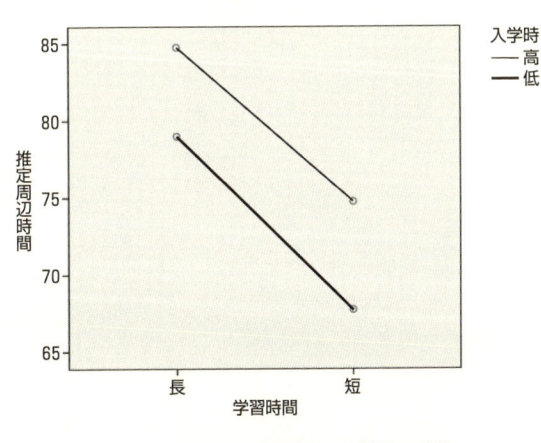

図3-42　学習時間＊入学時の成績

図3-42が結果の図です。効果が認められたものは学習時間の効果だけでした。したがって現在の成績は入学時の成績ではなく，学習時間の長さによって違いが出てくるということです。

最後に論文に記載する方法と分散分析表を記してこの項を終わりにしましょう（図3-43）。

結　果

入学時の成績と現在の学習時間によってテストの成績の違いを比較した。その結果，学習時間の主効果が認められた（F(1,12)=6.23, p<.05）。

Table 5.　入学時の成績と入学後の学習時間における二要因分散分析の結果

		学習時間長 (M±SD)			F	
		長	短	入学時	学習時間	交互作用
入学時	高	84.75±6.19	74.75± 7.41	2.24	6.23*	0.22
成　績	低	79.00±9.49	67.75±10.34			

N=16　　　　　　　　　　　　　　　　　　　　　　*p<.05

図3-43　論文掲載の見本⑥

5．2要因で一方に繰り返しのある分散分析：『課題の量によって試験の成績が変化するか調べたい』——片方にのみ対応のある2要因分散分析（2要因被験者混合分散分析）

まず図3-44の仮想データを入力してください。

	課題の量	事前試験	事後試験
1	1	60	68
2	1	65	74
3	1	50	52
4	1	59	70
5	1	72	70
6	1	76	88
7	2	72	93
8	2	66	84
9	2	63	88
10	2	54	96
11	2	67	85
12	2	71	88
13	3	64	70
14	3	62	65
15	3	66	71
16	3	78	78
17	3	60	61
18	3	56	65

図3-44　2要因で一方に繰り返しのあるデータ

このデータは同じクラスの中で課題の量を多くした群（1），適度な量にした群（2），少なくした群（3）で成績がどのように変化したかを調べようとしたものです。課題を与える前に事前試験を行ない，課題を与えた後に事後試験を行ない，成績を見ています。今回事前試験と事後試験には対応がありますが，課題の量で分けた群には対応がありません。要因の一方のみに対応がある場合の分析方法をここでは学んでい

きます。

　そろそろ仮説を立てるのにも慣れてきたころでしょうか。課題の量の要因の帰無仮説は"課題の量で分けた3群の成績は等しい"，試験の要因の帰無仮説は"事前試験，事後試験の成績は等しい"，交互作用の帰無仮説は"課題の量と試験のすべての群の成績は等しい"です。

　課題の量が数字ではわかりにくいので，こちらも変数ビューの値ラベルに登録しておきましょう。登録の方法は前回の分析と同じですので，ここでは結果のみを載せておきます（図3-45）。

図3-45　値ラベル

① 〈分析〉→〈一般線型モデル〉→〈反復測定〉（図3-46）

図3-46　反復測定の分析手順

2要因の分散分析の場合でも対応がある要因を含む場合は反復測定を用います。

② 〈反復測定の因子の定義〉の画面で〈被験者内因子名〉に"試験"，〈水準数〉に"2"と入力し，〈追加〉→〈定義〉（図3-47）

今回のデータで課題の量の要因と試験の要因の2つのうち，対応があるものは試験の要因だけなので，試験の要因のみここで因子を定義しておきます。

③ 〈被験者内変数〉に試験の要因である"事前試験"と"事後試験"を，〈被験者間因子〉に"課題の量"を入れる。（図3-48）

対応のある1要因の分散分析と対応のない1要因の分散分析の応用ですね。

④ 図3-48の画面より〈作図〉→図3-49の〈横軸〉に"試験"，〈線の定義変数〉に"課題の量"を入れる→〈追加〉→〈続行〉

分散分析の結果が視覚的にわかるように必ず図を描くようにしておきましょう。今

図 3-47 反復測定の因子の定義

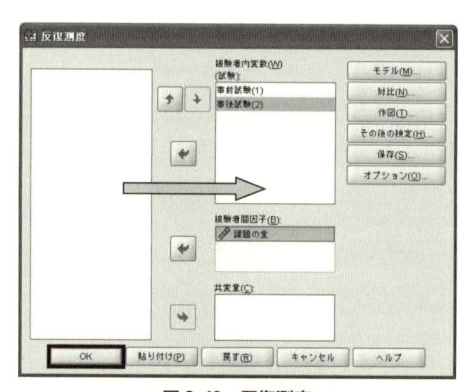

図 3-48 反復測定

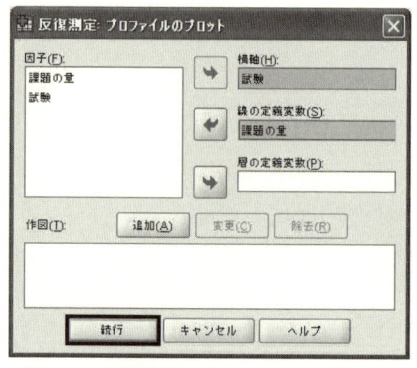

図 3-49 反復測定のプロファイルのプロット

第3章 t検定・分散分析——平均値の差を比較したい   57

回は〈線の定義変数〉である"課題の量"が3種類ありますので，線は3本できますよ．

⑤図3-48の画面より〈その後の検定〉→図3-50の〈その後の検定〉に"課題の量"を入れる→〈Tukey〉にチェック→〈続行〉

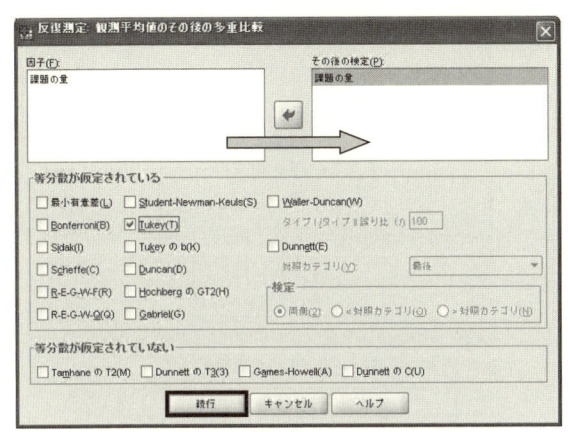

図3-50　反復測定の観測平均値のその後の多重比較

ここで課題の量の要因は主効果が認められただけではどの水準の得点が高いのかわからないので，多重比較を行ないます．

⑥図3-48の画面より〈オプション〉→図3-51の〈平均値の表示〉に"課題の量"，"試験"，"課題の量＊試験"を入れる→〈主効果の比較〉にチェック→〈信頼区

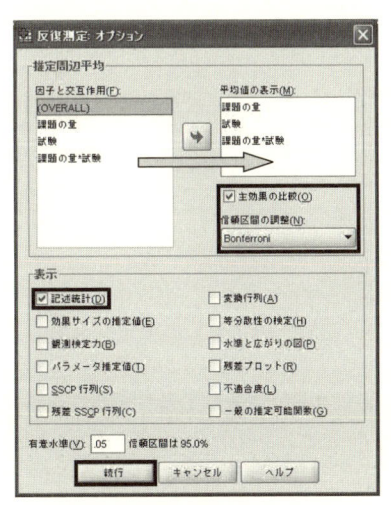

図3-51　反復測定のオプション

間の調整〉で〈Bonferroni〉を選択→〈表示〉で〈記述統計〉にチェック→〈続行〉

最後に論文に必要な平均値が示される記述統計にチェックします。このあたりは今までの分散分析と同じですね。これですべての準備が整いました。図3-48の画面で〈OK〉を押して分析結果を見ていきましょう。

表3-35が被験者内因子である試験です。試験は1が"事前試験"，2が"事後試験"です。表3-36が被験者間因子である課題の量です。課題の量は1が"多い"，2が"適度"，3が"少ない"です。被験者内因子と被験者間因子とで別のボックスに表示されますので，どちらも押さえておいてください。

表3-35　被験者内因子

測定変数名: MEASURE_1

試験	従属変数
1	事前試験
2	事後試験

表3-36　被験者間因子

		値ラベル	N
課題の量	1	多い	6
	2	適度	6
	3	少ない	6

表3-37の記述統計量を見てみましょう。試験と課題の量の組み合わせである6種類の平均値，標準偏差，対象者数（N）が表示されます。

表3-37　記述統計量

	課題の量	平均値	標準偏差	N
事前試験	多い	63.67	9.438	6
	適度	65.50	6.535	6
	少ない	64.33	7.528	6
	総和	64.50	7.485	18
事後試験	多い	70.33	11.553	6
	適度	89.00	4.648	6
	少ない	68.33	5.989	6
	総和	75.89	12.160	18

表3-38は被験者内効果の検定，表3-39は被験者内対比の検定結果です。先に表示されている被験者内効果の検定は分散分析の表ですが，見なければならない部分は表3-39の被験者内対比の検定にコンパクトに表示されてありますので，そちらを見ましょう。言いたいことは，どちらも同じです。

表3-39は対応のある部分である試験の要因と課題の差との交互作用だけが表示されているので，課題の量の主効果の結果が表わされていません。これは表3-40の被験者間効果の検定で示されていますので，分散分析表を論文で作る際は必ず忘れないようにしましょう。

第3章　t検定・分散分析——平均値の差を比較したい

表 3-38　被験者内効果の検定

測定変数名:MEASURE_1

ソース		タイプⅢ平方和	自由度	平均平方	F 値	有意確率
試験	球面性の仮定	1167.361	1	1167.361	52.995	.000
	Greenhouse-Geisser	1167.361	1.000	1167.361	52.995	.000
	Huynh-Feldt	1167.361	1.000	1167.361	52.995	.000
	下限	1167.361	1.000	1167.361	52.995	.000
試験×課題の量	球面性の仮定	670.722	2	335.361	15.224	.000
	Greenhouse-Geisser	670.722	2.000	335.361	15.224	.000
	Huynh-Feldt	670.722	2.000	335.361	15.224	.000
	下限	670.722	2.000	335.361	15.224	.000
誤差(試験)	球面性の仮定	330.417	15	22.028		
	Greenhouse-Geisser	330.417	15.000	22.028		
	Huynh-Feldt	330.417	15.000	22.028		
	下限	330.417	15.000	22.028		

表 3-39　被験者内対比の検定

測定変数名:MEASURE_1

ソース	試験	タイプⅢ平方和	自由度	平均平方	F 値	有意確率
試験	線型	1167.361	1	1167.361	52.995	.000
試験×課題の量	線型	670.722	2	335.361	15.224	.000
誤差(試験)	線型	330.417	5	22.028		

では結果を読んでみましょう。試験の要因の有意確率は 0.05 より小さいので，主効果が認められました。交互作用についても同様に認められました。

表 3-40 では被験者間要因である課題の量の効果を見ています。課題の量の有意確率は 0.033 なので，有意差が認められました。

ここまでが分散分析の主な結果です。今回のデータでは交互作用が認められました。前項で"シンタックス"について少しふれましたが，今回はここで使っていきます。

表 3-40　被験者間効果の検定

測定変数名:MEASURE_1
変換変数:平均

ソース	タイプⅢ平方和	自由度	平均平方	F 値	有意確率
切片	177381.361	1	177381.361	1698.603	.000
課題の量	898.722	2	449.361	4.303	.033
誤差	1566.417	15	104.428		

⑦ ①と②の手順をもう 1 度行ない，図 3-48 の画面を出す。

⑧ 図 3-48 の左下のほうにある〈貼り付け〉をクリックし，図 3-52 の下線部分を書き加え，実行（▶）。

単純主効果検定の結果が表 3-41 〜表 3-47 が出力されます。

表 3-41〜表 3-43 は課題の量についての単純主効果検定です。表 3-43 の 1 変量検定の結果を読むと，試験 2（事後試験）で有意差が認められました。したがって，事後試験で課題の量によって成績が異なることが明らかになりました。次は表 3-42 のペアごとの比較の結果を読みます。ここでは多重比較が行なわれています。事後試験で課題の量が適度の群と多い群，適度の群と少ない群に差が認められました。

図 3-52　シンタックス

表 3-41　推定値

測定変数名:MEASURE_1

課題の量	試験	平均値	標準誤差	95% 信頼区間	
				下限	上限
多い	1	63.667	3.236	56.770	70.563
	2	70.333	3.257	63.391	77.275
適度	1	65.500	3.236	58.604	72.396
	2	89.000	3.257	82.058	95.942
少ない	1	64.333	3.236	57.437	71.230
	2	68.333	3.257	61.391	75.275

表 3-42　ペアごとの比較

測定変数名:MEASURE_1

試験	(I) 課題の量	(J) 課題の量	平均値の差 (I-J)	標準誤差	有意確率[a]	95% 平均差信頼区間[a]	
						下限	上限
1	多い	適度	-1.833	4.576	1.000	-14.159	10.492
		少ない	-.667	4.576	1.000	-12.992	11.659
	適度	多い	1.833	4.576	1.000	-10.492	14.159
		少ない	1.167	4.576	1.000	-11.159	13.492
	少ない	多い	.667	4.576	1.000	-11.659	12.992
		適度	-1.167	4.576	1.000	-13.492	11.159
2	多い	適度	-18.667*	4.606	.003	-31.074	-6.259
		少ない	2.000	4.606	1.000	-10.407	14.407
	適度	多い	18.667*	4.606	.003	6.259	31.074
		少ない	20.667*	4.606	.001	8.259	33.074
	少ない	多い	-2.000	4.606	1.000	-14.407	10.407
		適度	-20.667*	4.606	.001	-33.074	-8.259

推定周辺平均に基づいた

a. 多重比較の調整: Bonferroni。

*. 平均の差は .05 水準で有意です。

表 3-43 1 変量検定

測定変数名:MEASURE_1

試験		平方和	自由度	平均平方	F値	有意確率
1	対比	10.333	2	5.167	.082	.921
	誤差	942.167	15	62.811		
2	対比	1559.111	2	779.556	12.249	.001
	誤差	954.667	15	63.644		

F値は課題の量 の多変量効果を検定します。この検定は推定周辺平均間で線型に独立したペアごとの比較に基づいています。

次に,試験についての単純主効果検定の結果を見ていきましょう(表3-44,表3-45)。

表 3-44 ペアごとの比較

測定変数名:MEASURE_1

課題の量	(I)試験	(J)試験	平均値の差(I-J)	標準誤差	有意確率[a]	95% 平均差信頼区間[a]	
						下限	上限
多い	1	2	-6.667*	2.710	.027	-12.442	-.891
	2	1	6.667*	2.710	.027	.891	12.442
適度	1	2	-23.500*	2.710	.000	-29.276	-17.724
	2	1	23.500*	2.710	.000	17.724	29.276
少ない	1	2	-4.000	2.710	.161	-9.776	1.776
	2	1	4.000	2.710	.161	-1.776	9.776

推定周辺平均に基づいた

*. 平均の差は.05水準で有意です。

a. 多重比較の調整: Bonferroni。

表 3-45 多変量検定

課題の量		値	F値	仮説自由度	誤差自由度	有意確率
多い	Pillai のトレース	.288	6.053[a]	1.000	15.000	.027
	Wilks のラムダ	.712	6.053[a]	1.000	15.000	.027
	Hotelling のトレース	.404	6.053[a]	1.000	15.000	.027
	Roy の最大根	.404	6.053[a]	1.000	15.000	.027
適度	Pillai のトレース	.834	75.212[a]	1.000	15.000	.000
	Wilks のラムダ	.166	75.212[a]	1.000	15.000	.000
	Hotelling のトレース	5.014	75.212[a]	1.000	15.000	.000
	Roy の最大根	5.014	75.212[a]	1.000	15.000	.000
少ない	Pillai のトレース	.127	2.179[a]	1.000	15.000	.161
	Wilks のラムダ	.873	2.179[a]	1.000	15.000	.161
	Hotelling のトレース	.145	2.179[a]	1.000	15.000	.161
	Roy の最大根	.145	2.179[a]	1.000	15.000	.161

F値はそれぞれ表示された他の効果の各水準の組み合わせ内の 試験 の多変量単純効果を検定します。このような検定は推定周辺平均間で線型に独立したペアごとの比較に基づいています。

a. 正確統計量

試験の単純主効果の結果は多変量検定を読みます。たくさん出力がありますが，各課題の量に対する Pillai のトレース～Roy の最大根いずれを見ても（例えば，課題の量が多いときの Pillai のトレース～Roy の最大根），F値と有意確率は変わりませんね。ですので，細かいことはあまり気にしないで大丈夫です。

　さて，課題の量が多い群，適度な群に有意差が認められています。つまり，それら2群は事前試験と事後試験で成績に変化が認められたということです。表 3-44 のペアごとの比較を読むと，課題の量が多い群と適度な群で事後試験において有意に成績が上昇していることが明らかになりました。

表 3-46　ペアごとの比較

測定変数名: MEASURE_1

(I)試験	(J)試験	平均値の差 (I-J)	標準誤差	有意確率	差の 95% 信頼区間 下限	上限
1	2	-11.389*	1.564	.000	-14.723	-8.054
2	1	11.389*	1.564	.000	8.054	14.723

推定周辺平均に基づいた
*. 平均値の差は .05 水準で有意です。
a. 多重比較の調整: Bonferroni.

　なお，交互作用が認められなかった場合に読まなければならない結果が表 3-46 です。今回は必要なかったのですが，"主効果のみが有意であった場合"，ペアごとの比較という部分も見ます。こちらは対応がある要因の中で多重比較を行なう場合に見なければならない部分です。今回は2水準だったので要因の主効果が認められればそのまま事前試験と事後試験の成績は異なるという結果でしたが，3水準以上ある際にはこの部分を読み取るようにしてください。

　表 3-47 も今回は必要ありませんが，課題の量の要因にも主効果が認められたので，その結果になります。適度―少ないの〈平均値の差〉に*がついていますね。つまり，課題の量が適度な群と少ない郡に差が認められたという結果です。

表 3-47　多重比較

測定変数名: MEASURE_1
Tukey HSD

(I)課題の量	(J)課題の量	平均値の差 (I-J)	標準誤差	有意確率	95% 信頼区間 下限	上限
多い	適度	-10.25	4.172	.065	-21.09	.59
	少ない	.67	4.172	.986	-10.17	11.50
適度	多い	10.25	4.172	.065	-.59	21.09
	少ない	10.92*	4.172	.048	.08	21.75
少ない	多い	-.67	4.172	.986	-11.50	10.17
	適度	-10.92*	4.172	.048	-21.75	-.08

観測された平均に基づく。
*. 平均値の差は .05 水準で有意です。

最後に図 3-53 が平均値を図示したものです。交互作用の結果から，課題の量が適度な群は事後試験において他の 2 群と比べ，有意に成績が高かったことが明らかになりました。また，課題の量が多い群と適度な群は事前試験から事後試験にかけて成績が有意に上昇したことが明らかになりました。

なお分散分析の交互作用の流れがわかりにくいので，再度確認します。まず交互作用が認められなかった場合，2 要因の場合，1 要因分散分析の主効果を 2 つ見ることになります。一方で，交互作用が認められたら単純主効果を見ていきます。さらに主効果も単純主効果も 3 つ以上の水準のある場合，多重比較により，さらに 3 つの水準の高低を捉えていく作業が加わります。初心者は，2 要因であってもそもそも単純主効果を見て確認していくほうが理解はしやすいでしょう。

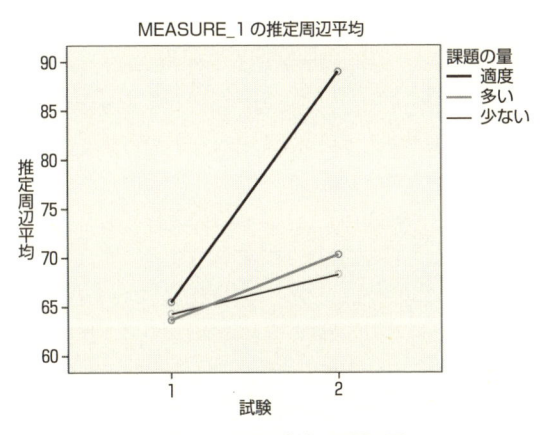

図 3-53 試験の成績と課題の量

結　果

課題の量によって試験の成績が変化するかを調べるために，被験者内因子を試験，被験者間因子を課題の量とする二要因の分散分析を行なった。その結果，交互作用が認められた（$F(2,15)=15.22$, $p<.01$）。多重比較の結果，課題の量が適度な群は事後試験において他の 2 群と比べ，有意に成績が高く，課題の量が多い群と適度な群は事前試験から事後試験にかけて成績が有意に上昇した。

Table 6. 試験の成績と課題の量における 2 要因分散分析の結果

	試験得点 (M±SD)			F	
	事前	事後	課題量	時期	交互作用
多　い	63.67±9.44	70.33±11.55	4.30*	53.00***	15.22***
適　度	65.50±6.54	89.00± 4.65			
少ない	64.50±7.49	75.89±12.16			

N=18　　　　　　　　　　　　　　　　　　　　　　　　　　*$p<.05$, ***$p<.001$

図 3-54　論文掲載の見本⑦

6．2要因で繰り返しのある分散分析：『2つの教授法の違いが試験の成績を向上させるか比較したい』
—— 対応のある2要因分散分析（2要因被験者内分散分析）

いよいよ分散分析も最後になりました。図3-55の仮想データを入力してください。

	a事前	a事後	b事前	b事後
1	70	68	66	68
2	68	65	57	62
3	75	74	56	70
4	67	69	80	88
5	59	68	74	75
6	79	81	75	79
7	70	77	77	81
8	82	83	74	77
9	65	71	68	73
10				

　　　　教授法A　　　教授法B
図3-55　対応のある2要因のデータ

このデータは同じクラスの中でAとBの教授法を用いてみて，成績に変化が生じるかを検討したものです。すべての対象者が教授法Aと教授法Bを行ない，それぞれを行なう前後に試験を行なったものです。また，後に行なう方には，教授法を受ける慣れが生じるという順序効果をなくすために，それぞれの対象者はA，Bどちらを先に行なうかは無作為に割り振られました。

事前試験，事後試験はもちろんのこと，今回は教授法AもBもどちらも同じ人が受けています。したがってどちらの要因も対応があります。では，帰無仮説を立てましょう。まず教授法の要因について，"どちらの教授法を用いても得点は等しい"，試験の要因について，"事前試験，事後試験の成績は等しい"，これらを含め"交互作用は認められない"です。仮説の立て方がいまいちよくわからなかった方は，もう一度本章を読み直してみましょう。

①〈分析〉→〈一般線型モデル〉→〈反復測定〉（図3-56）

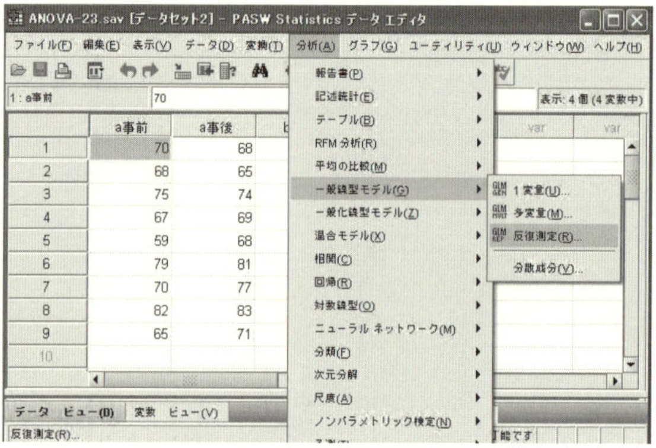

図3-56　反復測定の分析手順

第3章　t検定・分散分析——平均値の差を比較したい

対応がある場合の分散分析では反復測定を使ってきました．今回も同様に対応があるモデルなので，反復測定を用います．

② 〈反復測定の因子の定義〉の画面で〈被験者内因子名〉に"教授法"，〈水準数〉に"2"と入力し，〈追加〉→もう一度〈被験者内因子名〉に"試験"，〈水準数〉に"2"と入力し，〈追加〉→〈定義〉（図3-57）

対応がある要因が今回は2つなので，2要因分定義を行ないます．

図3-57　反復測定の因子の定義

③ 〈被験者内変数〉の中に"a事前"，"a事後"，"b事前"，"b事後"を入力（図3-58）

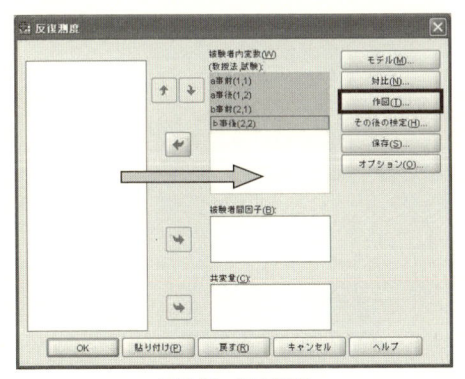

図3-58　反復測定

2要因とも対応がありますので，すべて被験者内変数の中に投入します．

細かいことですが，変数の後についているかっこの中身が2桁になったのにお気づきでしょうか．今までは"国語（1）"のように1桁だったのですが，今回は"a事

前(1,1)"と2桁になっています。これは左上のほうに（教授法，試験）と表示されていますが，すなわち（要因1，要因2）ということです。教授法の第1要因である"教授法A"の結果が(1,1)と(1,2)，となります。

あまり知らなくても分析には差し支えありませんが，もしたくさんの変数を扱って分析する場合，自分の入力に間違いがないか確認するときに少しだけ便利ですね。では，再び操作に戻りましょう。

④図3-58の〈作図〉→図3-59の〈横軸〉に"試験"，〈線の定義変数〉に"教授法"を入れる→〈追加〉→〈続行〉（図3-59）

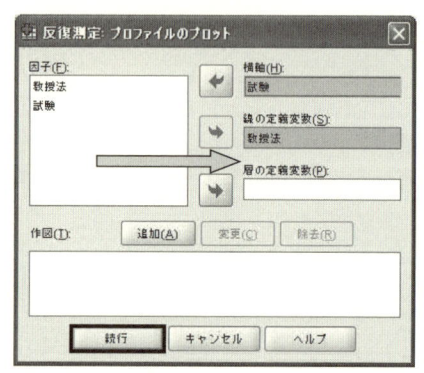

図3-59　反復測定のプロファイルのプロット

⑤図3-58の画面で〈オプション〉→図3-60の〈平均値の表示〉に"教授法"，"試験"，"教授法＊試験"を入力→〈主効果の比較〉にチェック→〈信頼区間の調整〉に"Bonferroni"を選択→〈記述統計〉にチェック→〈続行〉（図3-60）

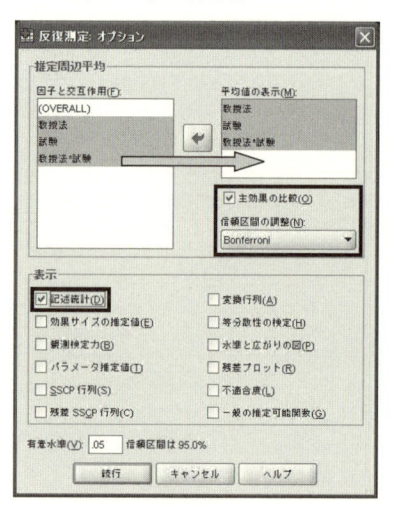

図3-60　反復測定のオプション

最後に記述統計と多重比較を出すオプションを入れておきました。もちろん今回は2水準ですので，通常比較する必要はありません。しかし，練習のためにも今後皆さんが自分で分析する際は上のように設定し，結果をきちんと読むようにしていきましょう。

それでは結果を見ていきましょう。

表 3-48 の部分は対応する要因のラベルを示しています。例えば，教授法で1，試験で1と表示してあればそれは教授法Aの事前試験である"a事前"のことを示しているということです。

表 3-48　被験者内因子

測定変数名:MEASURE_1

教授法	試験	従属変数
1	1	a事前
	2	a事後
2	1	b事前
	2	b事後

表 3-49 は論文に記載するのに必要な基礎統計量です。

表 3-49　記述統計量

	平均値	標準偏差	N
a事前	70.56	7.126	9
a事後	72.89	6.274	9
b事前	69.67	8.588	9
b事後	74.67	7.649	9

表 3-50 が最も大事な分散分析の結果になります。ですが，表 3-51 のほうが読みやすいので，そちらを見ていきましょう。

必要な部分だけを取り出して結果を読んでみましょう。必要な部分はF値と有意確率が書いてある行です。対応のある分散分析の場合，第2自由度は，それぞれの分析（教授法，試験，教授法＊試験）において同じになります。

今回有意差が認められたのは試験の要因だけですね。すなわち，"事前試験と事後試験の成績に差がある"という結果です。

表 3-52 と表 3-53 の2つの結果は，多重比較を行なう場合に読まなければならない結果部分です。今回はどちらの要因も2水準だったので読み飛ばして大丈夫です。

最後に結果の図を見てみましょう（図 3-61）。教授法1と2のどちらも右肩上がりとなっていますので，試験2，すなわち事後試験の方が2つの教授法のどちらでも成績が高くなったと視覚的にもわかりますね。

表 3-50 被験者内効果の検定

測定変数名:MEASURE_1

ソース		タイプⅢ平方和	自由度	平均平方	F値	有意確率
教授法	球面性の仮定	1.778	1	1.778	.021	.887
	Greenhouse-Geisser	1.778	1.000	1.778	.021	.887
	Huynh-Feldt	1.778	1.000	1.778	.021	.887
	下限	1.778	1.000	1.778	.021	.887
誤差 (教授法)	球面性の仮定	662.222	8	82.778		
	Greenhouse-Geisser	662.222	8.000	82.778		
	Huynh-Feldt	662.222	8.000	82.778		
	下限	662.222	8.000	82.778		
試験	球面性の仮定	121.000	1	121.000	22.000	.002
	Greenhouse-Geisser	121.000	1.000	121.000	22.000	.002
	Huynh-Feldt	121.000	1.000	121.000	22.000	.002
	下限	121.000	1.000	121.000	22.000	.002
誤差 (試験)	球面性の仮定	44.000	8	5.500		
	Greenhouse-Geisser	44.000	8.000	5.500		
	Huynh-Feldt	44.000	8.000	5.500		
	下限	44.000	8.000	5.500		
教授法 x 試験	球面性の仮定	16.000	1	16.000	1.438	.265
	Greenhouse-Geisser	16.000	1.000	16.000	1.438	.265
	Huynh-Feldt	16.000	1.000	16.000	1.438	.265
	下限	16.000	1.000	16.000	1.438	.265
誤差 (教授法x試験)	球面性の仮定	89.000	8	11.125		
	Greenhouse-Geisser	89.000	8.000	11.125		
	Huynh-Feldt	89.000	8.000	11.125		
	下限	89.000	8.000	11.125		

表 3-51 被験者内対比の検定

測定変数名:MEASURE_1

ソース	教授法	試験	タイプⅢ平方和	自由度	平均平方	F値	有意確率
教授法	線型		1.778	1	1.778	.021	.887
誤差 (教授法)	線型		662.222	8	82.778		
試験		線型	121.000	1	121.000	22.000	.002
誤差 (試験)		線型	44.000	8	5.500		
教授法×試験	線型	線型	16.000	1	16.000	1.438	.265
誤差 (教授法×試験)	線型	線型	89.000	8	11.125		

上が第1自由度
下が第2自由度

表 3-52 ペアごとの比較①

測定変数名: MEASURE_1

(I) 教授法	(J) 教授法	平均値の差 (I-J)	標準誤差	有意確率[a]	差の95%信頼区間	
					下限	上限
1	2	-.444	3.033	.887	-7.438	6.549
2	1	.444	3.033	.887	-6.549	7.438

推定周辺平均に基づいた

a. 多重比較の調整: Bonferroni.

表 3-53　ペアごとの比較②

測定変数名: MEASURE_1

(I)試験	(J)試験	平均値の差(I-J)	標準誤差	有意確率[a]	差の95%信頼区間[a] 下限	差の95%信頼区間[a] 上限
1	2	-3.667*	.782	.002	-5.469	-1.864
2	1	3.667*	.782	.002	1.864	5.469

推定周辺平均に基づいた
*. 平均値の差は .05 水準で有意です。
a. 多重比較の調整: Bonferroni.

MEASURE_1の推定周辺平均

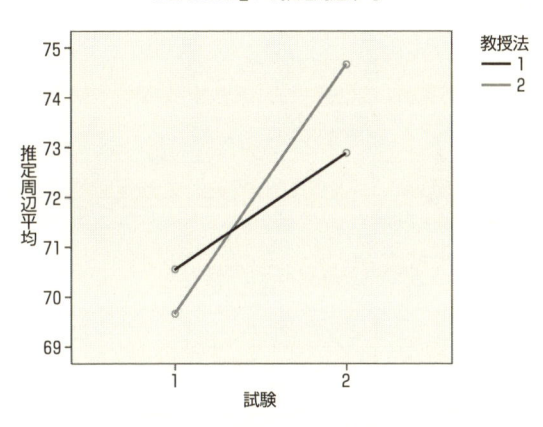

図 3-61　試験の成績＊教授法の結果

結　果

試験成績を向上させるために2種類の教授法を行ない，どちらが有用かを明らかにするために，試験得点に対して，事前事後の時期と教授法における二要因の分散分析を比較した。その結果，教授法の要因の主効果は認められず，試験の要因の主効果が認められた（$F(1,8)=22.0$, $p<.01$）。つまり事後試験で成績は上昇したが，教授法による違いは認められなかった。

Table 7.　教授法における試験成績の二要因分散分析の結果

	試験得点 (M±SD) 事前	試験得点 (M±SD) 事後	F 教授法	F 時期	F 交互作用
教授法A	70.56±7.13	72.89±6.27	0.02	22.00**	1.44
教授法B	69.67±8.59	74.67±7.65			
N=9					**$p<.01$

図 3-62　論文掲載の見本⑧

《上級者への豆知識》

　本章での結果の記述には，結果どおりの言及しかされていません。そこで，その結果をどのように分析者が読み取ったかを記載するのが考察です。ですので，考察と結果を捉え間違えて記載することのないように，結果は分析結果のみ，考察は分析者の考えというよ

うに分けて記述することが必要です。

　例えば，Table 7の結果では，教授法AとBの差は認められませんでしたが，対象者数を多くすると異なった結果が出るかもしれません。もともとの事前得点が低い人と高い人では，教授法の効果に違いがあるかもしれません。このような点を示唆したり，今後の課題として捉えたり，または事例として何名かを紹介したりと考察では分析者の言いたいことをいかに伝えられるかが勝負です。そのため，有意な差（交互作用）が認められなかったからといって教授方法に全くの差がないと決めつけるのは，早計の場合がほとんどです。

　もちろんよき結果が出るに越したことはありませんが，自らの見解を言及していく考察こそが研究者にとって研究の見せどころでもあるのです。

平均値の比較フローチャート

比較する平均値は1対1

- **t検定**：2つの対象（平均値またはデータ）の比較の場合
- **分散分析**：3つ以上の対象（平均値またはデータ）の比較の場合

t検定フローチャート

比較対象のデータが2つある

データに対応がある

- **1-1** 独立したサンプルのt検定：『1組と2組の成績を比較したい』
- **1-2** 対応のあるサンプルのt検定：『同じ対象者の中間と期末の成績を比較したい』
- **1-3** 1つの対象だけのt検定：『クラス平均と学年平均を比較したい』

分散分析フローチャート

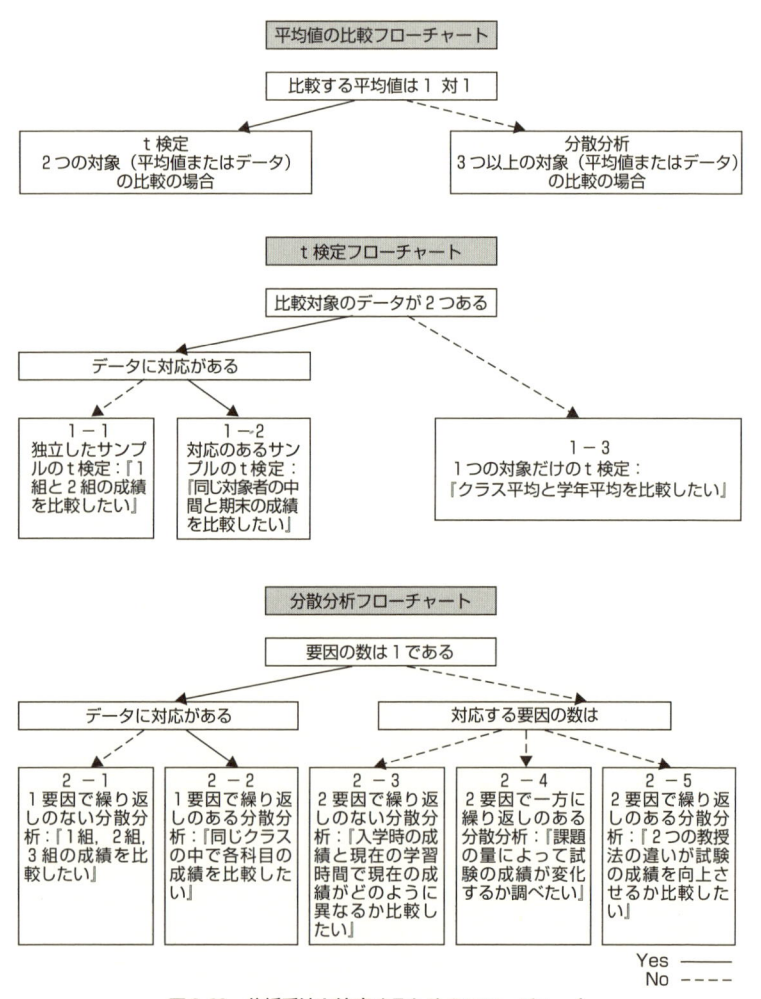

要因の数は1である

データに対応がある ／ 対応する要因の数は

- **2-1** 1要因で繰り返しのない分散分析：『1組，2組，3組の成績を比較したい』
- **2-2** 1要因で繰り返しのある分散分析：『同じクラスの中で各科目の成績を比較したい』
- **2-3** 2要因で繰り返しのない分散分析：『入学時の成績と現在の学習時間で現在の成績がどのように異なるか比較したい』
- **2-4** 2要因で一方に繰り返しのある分散分析：『課題の量によって試験の成績が変化するか調べたい』
- **2-5** 2要因で繰り返しのある分散分析：『2つの教授法の違いが試験の成績を向上させるか比較したい』

Yes ——
No ----

図3-63　分析手法を決定するためのフローチャート

第4章

相関分析
——データ同士の関連性を知りたい

第1節　相関分析の種類

　そろそろSPSSで分析を行なう作業にも慣れてきたころでしょうか。この第4章では，第3章の平均値の差の分析と同じくらい非常によく使われる「相関分析」を学んでいきます。

　相関分析とは，2つのデータの関連性を調べる分析方法です。例えば，100m走のタイムが早い人は走り幅跳びの距離も長い，数学の成績が高い人は理科の成績も高いといったことを分析するものです。

　相関分析の最もメジャーな方法はピアソンの（積率）相関係数があります。ピアソンの相関係数では，2つの変数間の直線関係を計算することによって関係性を求めます。後ほど分析を行なったときに詳しく説明していきますので，ここでは直線関係というキーワードだけ頭に入れておいてください。

　ピアソンの相関係数を求める際には，まずデータが正規分布している必要があります。例にあげた数学の成績と理科の成績でいえば，それぞれが正規分布を描くという前提の下計算があるのです。しかし，"前提"ということから，実際はピアソンの相関係数を計算する際に，そのデータが正規分布しているかどうかを計算している人は，ほとんどいません。データが比率尺度であれば，ピアソンの相関係数を捉えるのに，正規分布とみなして，おおよそ正しいであろうという慣例があります。

　では，本当にデータが正規分布していないデータだったら，相関分析を行なうことはできないのでしょうか。確かに，ピアソンの相関係数を求めることはできません。実際計算はできますが，その結果は信用できる結果ではないでしょう。そこで，デー

タそのものを用いるのではなく，データの順位を用いる順位相関係数というピアソンと同じような結果を出す相関分析があります。それが，スピアマンの順位相関係数と，ケンドールの順位相関係数です。スピアマンの順位相関係数は，2つの変数の順位を求め，順位の一致・不一致，その離れ具合を用いて計算します。ケンドールの順位相関係数は2組の順位の大小関係をすべて計算し，その一致度から係数を計算します。例えば，「2つのお店の10年間の売り上げの順位は，ほぼ等しいか？」等があります。一般的には順位相関係数を求める場合，慣例的にケンドールよりスピアマンを用いる場合が多いようです。そのため本書では，スピアマンの順位相関係数を紹介していきます。

　最後に，相関分析を行なう際の注意点を2つ述べておきます。1つ目は，相関係数は関係性を表わす指標であり，影響関係を表わす指標ではないということです。これはよく間違える人が多いことなのですが，例えば上述の例では，数学の成績が高い人は理科の成績も高いと述べましたが，相関分析では，数学の成績が高い"から"理科の成績が高いのか（数学の成績⇒理科の成績），理科の成績が高い"から"数学の成績が高いのか（理科の成績⇒数学の成績），という因果関係までは明らかにしていないのです。あくまでも数学の成績が高い人は，理科の成績"も"高い（逆もまたしかり）ということを述べているだけです。これは初学者には意外と見落とされていることなので，ぜひ覚えておいてください。

　2つ目は，相関係数が表わす関連性は，計算上現われた2つの変数間の関連性であり，本当に関連しているもの同士であるか変数同士を吟味しなければならないということです。例えば，景気が悪くなるとタコをとる人が減るという結果です。実際には，夏場の海水浴客の数がどちらにも関連していると考えられます。景気が悪いと海水浴客が減り，海水浴客が減るとタコをとる件数が減るというそれぞれの関連性が隠れているのです。このように相関関係がないもの同士が見えない要因（潜在変数）の影響によって相関関係があるかのように観測されてしまうことを擬似相関といいます。逆に，相関関係があるのに"ない"と観測されてしまう場合もあります。擬似相関の可能性が疑われた場合には，潜在変数の影響を取り除く偏相関分析というものを行なわなければなりません。偏相関分析については本章の最後に説明します。

第2節　ピアソンの相関係数

1．分析方法

　ピアソンの相関係数は，2変数間の関連性の強さを表わします。では，さっそく，図4-1のデータを入力してください。

第4章 相関分析——データ同士の関連性を知りたい

図4-1 関連性のデータ

このデータは試験の成績，前日の睡眠時間，前日の勉強時間，試験までの総勉強時間，持っている参考書の数を表わした仮想データです。相関分析で，これらの変数の中で，関係があるものを抽出してみましょう。

① 〈分析〉→〈相関〉→〈2変量〉（図4-2）

図4-2 2変量の相関分析の手順

相関分析を行なう際には，分析の中に相関というカテゴリーがあるので，非常にわかりやすいですね。基本となるのは〈2変量〉ですので，こちらを選択します。

② 〈変数〉にすべての変数を入れ，〈オプション〉をクリック（図4-3）

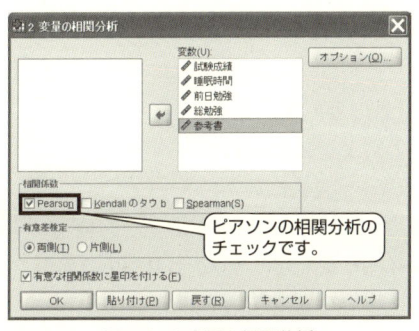

図4-3 2変量の相関分析

③オプションのダイアログボックスで,〈平均値と標準偏差〉にチェックを入れて〈続行〉(図4-4)

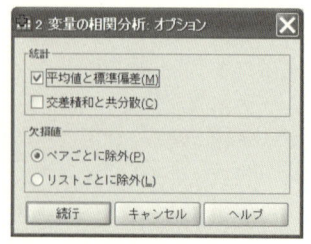

図4-4 2変量の相関分析のオプション

④ 4-3の画面に戻るので,〈OK〉をクリック

相関分析の手続きは以上です。平均値の差の検定を行なうときのように複雑な操作は必要ありません。非常に簡単でしたね。

では結果を見ていきましょう。

この表4-1はオプションで指定した平均値と標準偏差, 対象者数(N)の表です。どんな分析を行なう際にもこの表を出して, 記述統計量を理解しておきましょう。

表4-1 記述統計

	平均値	標準偏差	N
試験成績	73.60	18.307	10
睡眠時間	6.30	3.234	10
前日勉強	4.10	3.784	10
総勉強	18.60	5.602	10
参考書	4.20	2.898	10

次に表4-2が出てきますね。この結果が相関分析のすべてです。この表のことを相関行列(相関マトリックス)とよぶこともあるので, 覚えておきましょう。行と列に同じ項目が並んでいる部分はまったく同じピアソンの相関係数を示しているので, 読まなければならない部分は相関係数1で区切られた部分のどちらか半分だけです。

2. 関連性の範囲

表4-2の中にさまざまな数字が出てきますね。ピアソンの相関係数, 有意確率(両側), Nの3つがそれぞれのセルの中に入っています。有意確率とNについてはt検定のときと同じです。したがって, *がついているピアソンの相関係数には意味がある(有意), ということです。

ここで求められたピアソンの相関係数は, 2つの変数間の関連性の強さを表わしており, 一般的にrと表記されます。例えば1行目の試験成績と2列目の睡眠時間の関連性の度合いは, $r=0.241$で, 有意確率(p)の値が0.503ですので統計的に有意であるとはいえないという意味です。pの値は0.05よりも小さい場合に"有意"とな

表 4-2　相関分析①

		試験成績	睡眠時間	前日勉強	総勉強	参考書
試験成績	Pearson の相関係数 有意確率（両側） N	1 10	.241 .503 10	−.347 .325 10	.885** .001 10	.404 .247 10
睡眠時間	Pearson の相関係数 有意確率（両側） N	.241 .503 10	1 10	−.929** .000 10	.020 .957 10	.455 .186 10
前日勉強	Pearson の相関係数 有意確率（両側） N	−.347 .325 10	−.929** .000 10	1 10	−.029 .936 10	−.468 .173 10
総勉強	Pearson の相関係数 有意確率（両側） N	.885** .001 10	.020 .957 10	−.029 .936 10	1 10	.348 .325 10
参考書	Pearson の相関係数 有意確率（両側） N	.040 .247 10	.455 .186 10	−.468 .173 10	.348 .325 10	1 10

**．相関係数は1％水準で有意（両側）です。

（同じことを表しています。）

るんでしたよね（表記では $p<0.05$）。

このrの値は−1〜+1の値をとります。rの値が正の値をとると，片方の数値が上昇すればもう片方の数値も上昇するという関係をとります（例：同じバイト先でバイト時間が長い人ほど，もらえる給与額が高くなる）。このことを正の相関といいます。一方で，rの値が負の値をとると，今度は逆に片方の数値が上昇すれば，もう片方の数値は減少するという関係をとります（例：同じバイト先でバイトを休んだ日数が多い人ほど，予定給与額が低くなる）。このことを負の相関といいます。ここでは，rの絶対値が1に近づけば近づくほど，2つの変数の相関は強い（解釈としては，密接に関連している，関連性がある）となります。逆にrの絶対値が0に近づけば近づくほど，2つの変数の相関は弱くなっていきます。rの絶対値が0に近づいて相関がないことを無相関といいます。ちなみにわかりやすく2つの項目の相関の図を示すと次の図4-5のような形になります。

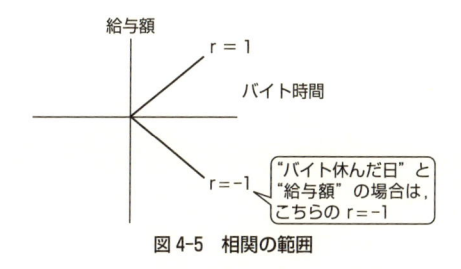

図 4-5　相関の範囲

次の図 4-6 を見てください。
この図は相関係数の値によってどの程度の直線関係があるかを表わした図です。正の相関の場合，直線は右肩上がりになりますが，負の相関の場合，直線は右肩下がりになります。無相関の場合（r＝0），どちらに傾くこともない直線を描きます。rの絶対値が1に近づくほど直線からのばらつきが小さくなります。すなわち，2つの変数の関連性が強くなるということです。

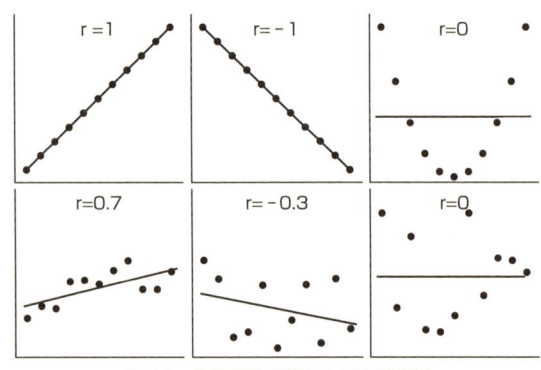

図 4-6　相関係数の値による直線関係

この図 4-6 の右上のグラフを見てください。このグラフはr＝0で，2つの変数にはまったく関連性がないという結果になっています。しかし，曲線で見ると，2次の関数の関連性がうかがえます。この章の始めにピアソンの相関係数は2つの変数間の直線関係を示す指標と書きました。右上のグラフは直線関係で見るとまったくの無相関ですが，曲線関係で見ると何らかの関連性があるといえそうです。ですので，相関係数を表わした際には，必ず図 4-6 のような散布図を描き，関連性を目で見て確認する必要があるのです。例えば，サッカー部での練習量が少ないと得点数が少なく，ある程度練習していると得点数が高い，ただし，練習量がありすぎると（疲労が関係しているなどで），得点数が下がるというようなことが考えられます。基本として，2次の曲線になってしまうようなデータを集めた場合，そのデータの収集方法そのものの信頼性がないととられてしまう場合もありますので，相関係数の解釈には十分注意しましょうね。

3．相関の強さ

ここまで相関係数rの絶対値が1に近づくほど2つの変数の相関，つまり関連性は強いと考えられると理解できましたね。では，2つの変数の関連性が強いというためにはどの程度rの値があればよいか，という疑問が沸いてきます。一般的に明確な基準はないのですが，経験的にrの絶対値と相関の強さは表 4-3 のような関係にある

といわれています。

表4-3 相関の強さ

0.7<|r|≦1.0	強い相関がある
0.4<|r|≦0.7	やや強い相関がある
0.2<|r|≦0.4	弱い相関がある
0.0<|r|≦0.2	ほとんど相関がない

高校数学のおさらいですがrの絶対値は|r|と表記します。なお学術団体によっては、0.0<|r|<0.3は、関連性があると認めないと判断することもあるようです。自分のデータから得られた相関係数の値が参考にする学会誌などでどのような強さとして記述されているか事前に調べておくといいでしょう。

4. 有意について

ではもう一度、表4-2の相関マトリックスを見てみましょう。

次に着目しなければならない点は、有意差があるかどうかです。この有意差は、得られた相関係数と無相関（r=0）とのt検定を行なった値です。この検定を無相関検定といいます。その結果が有意である、すなわち"相関係数が0であるという帰無仮説を棄却できる"という結果が現われた部分に＊がついているのです。

この表で＊がついている部分は、試験成績と総勉強時間、睡眠時間と前日勉強時間の2つです。つまり、この2組以外の部分の相関係数は0と差がないというわけです。試験成績と総勉強時間は、r=0.885ですので、強い正の相関または相関関係があるといえます。同様に、睡眠時間と前日の勉強時間は、r=−0.929ですので、強い負の相関または相関関係があるといえます。＊がついているものを見つけては、その値を1つひとつ確認して、その結果を判断するように心がけましょう。よく見かける間違いとして、相関マトリックスに＊がついていれば問答無用で"相関があった"と結果を記述する人がいます。＊がついているということは、あくまでも"相関係数が0ではない"というためのものであり、相関の強さを絶対的に表わす指標ではありませんので、注意しておいてください。

相関があった2組について、散布図を描いておきましょう（図4-7）。

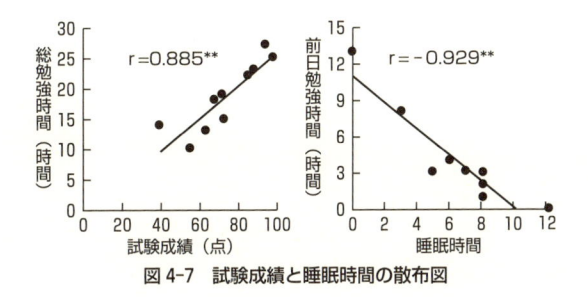

図4-7 試験成績と睡眠時間の散布図

図4-7の散布図は別の表計算ソフトを用いて見栄えよく描いたものですが，もちろんSPSSでも散布図を描くことはできます。

① 〈グラフ〉→〈レガシーダイアログ〉→〈インタラクティブ〉→〈散布図〉を選択（図4-8）

図4-8　散布図作成の手順

② X軸に〈試験成績〉，Y軸に〈総勉強時間〉の変数をドラッグ＆ドロップで挿入する（図4-9）

図4-9　散布図の作成①

③〈当てはめ〉のタブをクリックし，〈方法〉のプルダウンメニューから〈回帰〉を選択し，〈OK〉をクリック（図4-10）

この操作で図4-11のような散布図が出力されます。

SPSSでも簡単な散布図を描くことができましたね。なお最新のバージョンでは，インタラクティブがなくなり，〈レガシーダイアログ〉→〈散布図〉→散布図を表示させてから散布図をダブルクリック（アクティブにし）→〈図表エディタ〉を出してから，そのツールバーの〈要素〉→〈合計での線の当てはめ〉→〈線型〉にチェックし〈適用〉で表

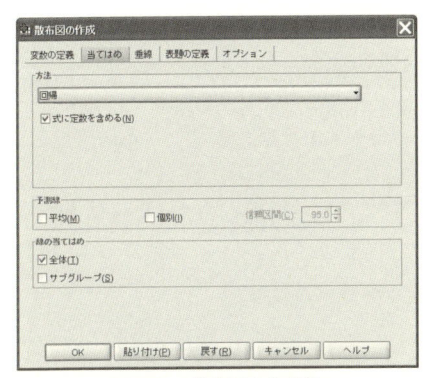

第4章　相関分析——データ同士の関連性を知りたい

図4-10　散布図の作成①

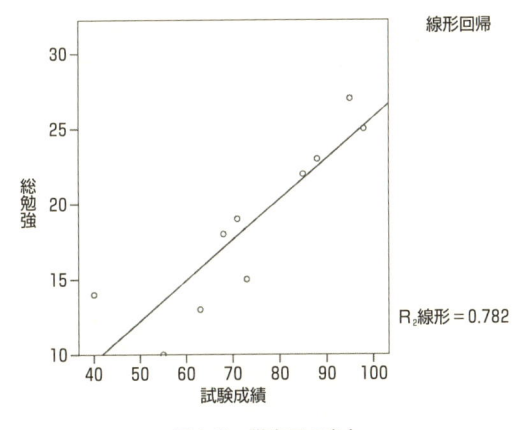

線形回帰

R^2線形 = 0.782

図4-11　散布図の出力

結　果

試験成績に関わる変数同士の相関分析を行なった結果，試験成績と総勉強時間（r＝.86）に正の相関が，睡眠時間と前日勉強時間（r＝−.93）に負の相関が認められた。
※相関分析の結果，記述式には，有意確率は表示しない慣例があります。

Table 1.　試験成績に関わる変数の相関分析の結果

	試験成績	睡眠時間	前日勉強	総勉強	参考書
試験成績	1	.24	−.35	.86**	.4
睡眠時間	.24	1	−.93**	.02	.46
前日勉強	−.35	−.93**	1.	−.03	−.47
総勉強	.86**	.02	−.03	1	.35
参考書	.4	.46	−.47	.35	1

N＝10　　　　　　　　　　　　　　　　　　　　　　　　　**p＜.01

図4-12　論文掲載の見本

出するというようになっています。とはいえ，このまま論文に記載したり学会発表を行なったりするわけにはいきませんので，他の表計算ソフトやグラフ作成ソフトを使って見栄えのよいグラフを作るようにしましょう。

なお論文に相関分析の結果を掲載する場合は，図4-12のようになります。

第3節　スピアマンの順位相関係数

まずは，図4-13のデータを入力してください。

図4-13　順位相関係数のデータ

これはある中学校の体育の時間に測定した50m走と走り幅跳びの仮想データです。11番目に突出したデータがありますね。11番目の生徒を入れたデータと除いたデータで，ピアソンの相関係数を求め，散布図を描いたものが図4-14です。

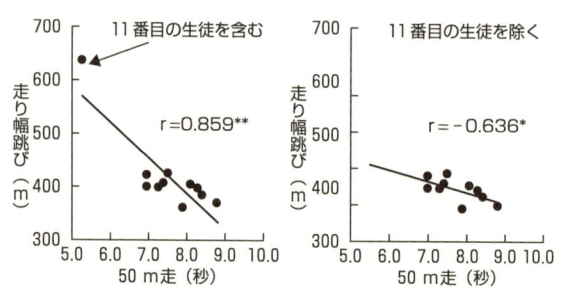

図4-14　11番目の生徒のデータの有無によるピアソンの相関係数の散布図

このデータは1人だけ明らかな外れ値（他の多数のデータと比べ，大きく離れた値のこと）をとっており，その1人が分析に含まれるか含まれないかで大きく結果が異なってしまいます。このように，外れ値を含むデータを分析する際には，場合によってはそのデータを除いてしまってもよいのですが，除いて分析するのが不適当だと考えられる場合は，ピアソンの相関係数の変わりにスピアマンの順位相関係数を用います。つまりピアソンの相関分析を用いることができないときは，明らかな外れ値があ

第4章 相関分析——データ同士の関連性を知りたい

るとき，または初めから順序尺度（例：チェーン店居酒屋の敷地面積の順位とその売り上げ順位など）を想定してデータを収集したときです。

では，さっそく分析してみましょう。

① 〈分析〉→〈相関〉→〈2変量〉（図4-2参照）
② 〈変数〉に"50m走"と"走り幅跳び"を入力し，〈Pearson〉のチェックを外し，〈Spearman〉にチェックを入れ，〈OK〉をクリック（図4-15）

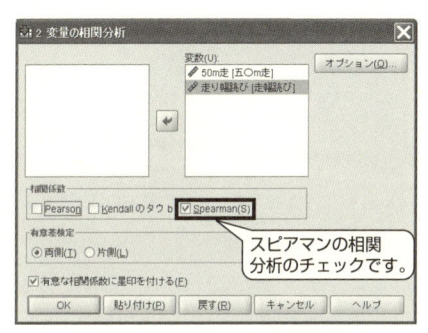

図4-15　スピアマンの相関係数

スピアマンの順位相関係数を求める際は，ここで〈Spearman〉にチェックを入れるだけです。ピアソンの相関係数は今回必要ありませんので，チェックを外しておきます。自分で分析する際にピアソンとの違いを確認したければ，チェックを入れたままにしておいても構いません。

スピアマンの順位相関係数の場合，データを順序尺度に変換して計算しますので，平均値や標準偏差は必要ありません。ただし，論文に記載する際には中央値や四分位偏差を求めて記述しておくことが求められるときがあります。順序尺度への変換は，実数の大きいものから順（降順）に1，2，…と割り付けていき，データの大小関係を等間隔に変換する手続きです。

それでは結果を見ていきましょう。

Spearmanのローと書かれた表（表4-4）が，スピアマンの順位相関係数の結果となります。ピアソンの相関係数はrで表わしていましたが，スピアマンの順位相関係数はρ（ロー）で表わします。相関の強さについて，このρの値もrの時と同様に考

表4-4　相関係数

			50m走	走り幅跳び
Spearmanのロー	50m走	相関係数	1.000	-.683*
		有意確率（両側）	.	.020
		N	11	11
	走り幅跳び	相関係数	-.683*	1.000
		有意確率（両側）	.020	.
		N	11	11

*. 相関係数は5%水準で有意（両側）

えて解釈します。したがって，今回の結果では50m走のタイムと走り幅跳びの距離には比較的強い負の相関がある，言い換えると，50m走のタイムが早い（値が小さい）ほど走り幅跳びの距離が長い（値が大きい）と考えられます。

図4-16は，それぞれの変数の値を順位に変換して作った散布図です。

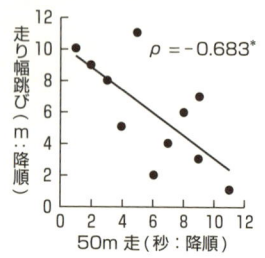

図4-16 スピアマンの順位変数の散布図

最初のグラフで目立っていた外れ値が目立たなくなりましたね。データに合った分析方法を行なうことで，逆に今まで見えなかったものが見えるようになることもあるので，必ず元のデータをしっかり確認することを忘れないようにしておきましょう。

第4節　偏相関分析

最後に偏相関分析というものについて述べます。偏相関とは，相関分析を行なう2つの変数同士に関連する，第3の変数の影響を取り除いた相関関係のことです。この章の初めに擬似相関の話を載せたのを覚えているでしょうか。一見相関関係がなさそうなものに相関関係があるという結果を出してしまったり，逆に相関関係がありそうなものに相関関係がないという結果を出してしまうこともたまにあります。自分で考えていた結果と全く異なってしまった場合には，相関を求めたどちらの変数にも関連する，何か別の変数があると考えてみましょう。その隠れた変数の影響で2つの変数同士の関連性がぼやけてしまうのです。

では，さっそく，図4-17のデータを入力しながら具体的に見ていきましょう。

	勉強時間	休憩時間	成績
1	30	9	76
2	27	16	97
3	22	16	47
4	20	18	45
5	19	19	31
6	18	20	78
7	13	23	42
8	8	29	36
9	6	33	44
10	6	35	50

図4-17　偏相関のデータ

第4章 相関分析——データ同士の関連性を知りたい

このデータは，1週間の生活記録の中から勉強時間と休憩時間の総時間と試験成績（以下，成績）を調べたデータです。

それではこれまでの手順で相関係数を求めてみましょう。

表 4-5 相関係数

		勉強時間	休憩時間	成績
勉強時間	Pearson の相関係数	1	-.972**	.608
	有意確率 (両側)	.	.000	.062
	N	10	10	10
休憩時間	Pearson の相関係数	-.972**	1	-.468
	有意確率 (両側)	.000	.	.173
	N	10	10	10
成績	Pearso の相関係数	.608	-.468	1
	有意確率 (両側)	.062	.173	.
	N	10	10	10

** 相関係数は 1% 水準で有意 (両側) です。

記述統計の結果を記載するのは省略します。表4-5の結果からは，勉強時間と休憩時間の間には強い負の相関が認められます。ですが，成績との相関は勉強時間，休憩時間のいずれにも見られませんでした。成績と勉強時間との相関係数は0.608（p＜0.10）ですので，有意傾向はあると考えられるでしょう。ですが，相関があるとはいえない結果となってしまいました。この結果は本当に正しいのでしょうか。

今回の変数の関係図を描くと，図4-18のようになります。

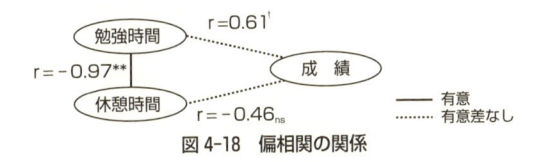

図 4-18 偏相関の関係

勉強時間と休憩時間との間には非常に強い相関があり，成績との相関はあまり強くないことが表わされています。この3つの変数の関係で，勉強時間は休憩時間に非常に強く関係しており，成績ともそれほど弱くない関係を示しています。

そこで，もし，勉強時間と成績の関係に，休憩時間の影響を取り除くことができれば，これらの相関関係が浮き彫りにできるのではないかと考えてみるのです。もし勉強時間と成績との間に相関関係が得られたら，今回のデータで休憩時間のような，それらに関連して影響を与える可能性があるものを抑制変数とよびます。抑制変数の影響を取り除く相関分析が，偏相関分析なのです。

ではさっそく偏相関を求めてみましょう。

① 〈分析〉→〈相関〉→〈偏相関〉（図 4-19）
② 〈変数〉に"勉強時間"と"成績"を，制御変数に"休憩時間"を選択（図 4-20）

③オプションで統計量の"平均値と標準偏差（M）","0次相関（Z）"にチェックを入れ，続行。図4-20の画面でOKをクリック。(図4-21)

それでは結果を見ていきます（表4-6，表4-7）。0次相関とは，ただの相関関係のことです。偏相関との比較を確認しておく必要があるので，出力しました。

図4-19　偏相関の分析手順

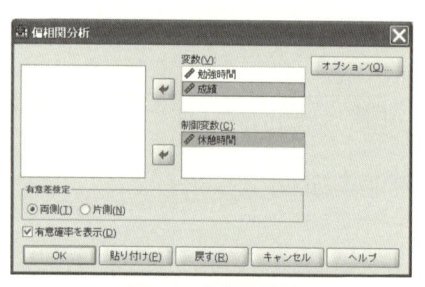

図4-20　偏相関分析

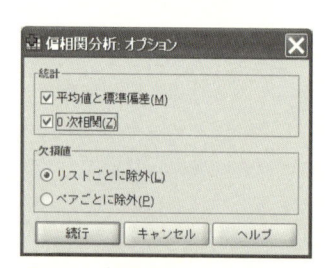

図4-21　偏相関分析のオプション

表4-6　記述統計量

	平均値（ラン検定）	標準偏差	N
勉強時間	16.90	8.478	10
成績	54.60	21.469	10
休憩時間	21.80	8.230	10

表 4-7 の下側が勉強時間と成績から休憩時間の影響を取り除いた偏相関の値です。値の読み方，考え方ともに相関係数と同じですので，今まで勉強した知識で読んでみましょう。勉強時間と成績の間には $r=0.737$，$p<0.023$ と有意な強い正の相関が認められました。このように0次相関では，$r=0.608$，$p<0.062$ と，有意ではなくても，休憩時間を抑制変数とすることによって有意な相関関係が求められるのです。

表 4-7 相関係数

制御変数			勉強時間	成績	休憩時間	
—なし—[a]	勉強時間	相関 有意確率（両側） df	1.000 . 0	.608 .062 8	−.972 .000 8	0次相関
	成績	相関 有意確率（両側） df	.608 .062 8	1.000 . 0	−.468 .173 8	
	休憩時間	相関 有意確率（両側） df	−.972 .000 8	−.468 .173 8	1.000 . 0	
休憩時間	勉強時間	相関 有意確率（両側） df	1.000 . 0	.737 .023 7		偏相関
	成績	相関 有意確率（両側） df	.737 .023 7	1.000 . 0		

a．0次（Pearson）相関を含むセル。

今回は求めていませんが，当然逆もしかりですので，勉強時間を抑制変数にして休憩時間と成績の偏相関を求めても綺麗な結果が表われることでしょう。どの変数を抑制変数とするかは，分析者の考えに委ねられますが，先行知見を押さえた判断力が求められます。

第5章

重回帰分析
──データ同士の因果関係を知りたい

第1節 重回帰分析のイメージ

　前章の相関分析ではデータの関連性の強さについて学びました。その注意書きで，「相関係数は関係性を表わす指標であり，影響関係を表わす指標ではない」と述べましたね。前章でできなかった影響関係，つまり因果関係を分析する方法の最も代表的な手法として回帰分析があります。相関分析の応用として，回帰分析の中でも最も使用頻度が高い重回帰分析について本章では学んでいきます。

　重回帰分析とは，1つのある結果を複数の原因から説明するための方法です。例えば，野球選手の年俸を決定するためには，成績や前年度年俸を元に決められることが多いようです。実際に重回帰分析を用いて年俸を計算しているかわかりませんが，モデルとしては重回帰分析と非常によく似ていると考えることができます。図示すると図5-1のようになるでしょう。

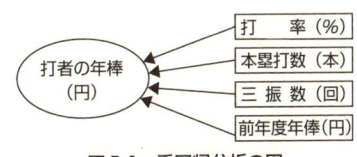

図5-1　重回帰分析の図

打者の年棒（円） ← 打率（％）／本塁打数（本）／三振数（回）／前年度年俸（円）

　当然これだけで判断するわけではありませんが，便宜的にこのような図にしてみました。重回帰分析では，打率（％）と本塁打数（本）と三振数（回）と前年度年俸（円）の要因から打者の年俸（円）という単位も揃わないもの同士であってもその影

響関係を求めることができます。途中の細かい計算の過程はすべてコンピュータに計算させてしまい，最終的には次のような予測モデルを作ることを目的としています。

予想される打者の年俸＝打率×10000＋本塁打×50＋三振×(−30)＋500

このモデルで打者の年俸を予想してしまおうというのです。打率3割，本塁打20本，三振30回の選手がいるとすると，その選手の年俸は，

0.3×10000＋20×50＋30×(−30)＋500＝3600万円

ということになります。当然世の中で起きる現象は求めたモデルのとおりにすべてが求められるとは限りません。この選手が実際に貰った年俸が3200万円であることもあります。他の選手の結果でも同様に計算して，最終的に「この予測モデルで打者の年俸の70%を予測できる」というような結論を出すのです。

第2節　分析方法

ざっくりと説明すると重回帰分析という手法の流れは前節のような感じです。もっと細かいことを詰めていくために，まずは図5-2のデータを入力してください。

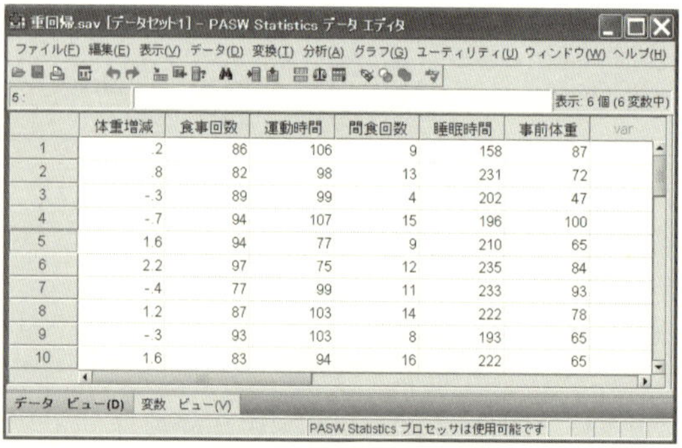

	体重増減	食事回数	運動時間	間食回数	睡眠時間	事前体重	var
1	.2	86	106	9	158	87	
2	.8	82	98	13	231	72	
3	-.3	89	99	4	202	47	
4	-.7	94	107	15	196	100	
5	1.6	94	77	9	210	65	
6	2.2	97	75	12	235	84	
7	-.4	77	99	11	233	93	
8	1.2	87	103	14	222	78	
9	-.3	93	103	8	193	65	
10	1.6	83	94	16	222	65	

図5-2　重回帰分析のデータ

図5-2のデータは，1か月の生活記録と体重の増減を記録した仮想調査データです。体重の増減（kg）に，事前の体重（kg），食事の回数（回），運動時間（時間），間食の回数（回），睡眠時間（時間）のそれぞれがどの程度影響を与えているかを調査することが目的です。いいかえると，体重の増減という目的（結果）を他の変数（原因）でどの程度説明できるかを明らかにするのです。このように，原因と結果の関係を分析する方法を回帰分析といいます。

第5章 重回帰分析—データ同士の因果関係を知りたい

　回帰分析では，結果となる変数を目的変数，原因として結果を説明するための変数を説明変数といいます。分散分析や実験計画法と同じようにいいかえると，**目的変数は従属変数であり，説明変数は独立変数**ということになります。SPSSでは独立変数と従属変数という名称で使われていますが，学会によっては目的変数，説明変数で記述するようにとコメントされる場合もありますのでどちらの名称も覚えておきましょう。

　次に回帰分析の種類ですが，回帰分析は目的変数と説明変数のデータの種類が量的なものか質的なものかの組み合わせで用いる手法が変わってきます。図5-2のデータには重回帰分析という方法を用います。重回帰分析は，目的変数が量的変数であり，説明変数も量的変数の際に用いる回帰分析です。他の回帰分析については本書では詳しく説明はしませんが，名前と判別方法くらいは載せておきます。目的変数が量的変数で，説明変数が質的変数の場合，数量化Ⅰ類，またはカテゴリカル回帰分析を用います。目的変数が質的変数で，説明変数が量的変数の場合，ロジスティック重回帰分析を用います。目的変数，説明変数共に質的変数の場合には数量化Ⅱ類を用います。

　図5-2のデータは，すべての変数が量的データです。したがって分析モデルは重回帰分析を用いるということです。

　これ以上細かい話は分析結果を見ながら覚えていきましょう。では，分析を始めます。

① 〈分析〉→〈回帰〉→〈線型〉（図5-3）

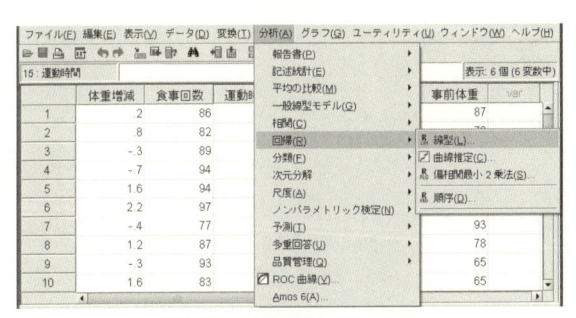

図5-3　重回帰分析の分析手順

② 〈従属変数〉に"体重増減"を，〈独立変数〉に"食事回数"，"運動時間"，"間食回数"，"睡眠時間"，"事前体重"を選択（図5-4）
③ 〈統計〉をクリックし，〈記述統計量〉〈共線性の診断〉にもチェックを入れ，〈続行〉をクリック（図5-5）
④ 図5-4の画面に戻ったら〈OK〉をクリック

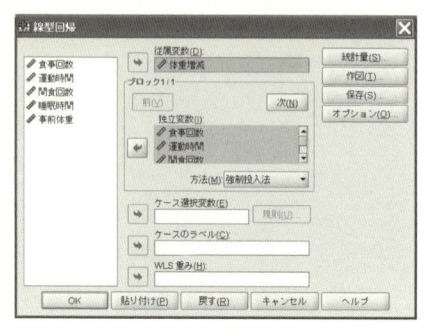

図 5-4　線型回帰

図 5-5　線型回帰：統計

　今までいろいろと説明してきましたが，重回帰分析の結果の出し方は，以上です。重回帰分析は奥が深いので，簡単なものから順に少しずつ説明していきましょう。
　ここまでの操作で，モデル作成について「目的変数は体重の増減，その説明変数として残り5つの変数，モデル作成の方法は強制投入法を用いる」ということを行ないました。共線性の診断については結果のところで説明します。まずは結果を見る前に新しい考え方である「モデル作成の方法」について簡単に学んでいきましょう。
　今回のケースで，説明変数は"食事回数"，"運動時間"，"間食回数"，"睡眠時間"，"事前体重"の5つをあげました。本章の始めに重回帰分析のイメージ図（図5-1）で示したようなモデルを作成することがこの分析の目標だとすると，5つくらいの変数で説明するくらいならまだ結果を見ても理解しやすいでしょう。ですが，実際に調査を行なう場合ですと，20や30もの説明変数を用いて目的変数1つを説明しようと試みることが多々あります。そのような場合，説明変数の数が多すぎるとモデルがやや煩雑になってしまいます。そこで，どのような変数を用いるかということを分析から選択できる方法があります。
　図5-4の画面で〈方法〉のプルダウンメニューをクリックすると，"強制投入法"

以外に"ステップワイズ法","変数減少法","変数増加法"という方法が出てきます。この中で最もよく使う方法が"ステップワイズ法"と"強制投入法"の2つです。使い分け方は，重回帰分析でのモデル作成をメインの結果にする場合はステップワイズ法，重回帰分析を行なった後に本書では紹介しないパス解析を用いる場合は強制投入法を用いることが多いようです。それぞれの方法の説明ですが，ステップワイズ法はモデルの説明変数を説明力が弱かったら減らしたり，モデルの当てはまり具合が悪かったら説明変数を増やしたりしながら，モデルを作成していく方法です。強制投入法とはモデルを作成する際に説明変数をすべて用いてモデルを作成する方法です。

ついでに，あまり用いませんが，変数増加法は1つの説明変数を投入して単回帰式を作成した後，1つずつ説明変数を投入していく方法，変数減少法はすべての変数をモデルに投入した後，1つずつ説明変数を減らしていく方法です。簡単な説明でしたが，なんとなくステップワイズ法が他の方法に比べて使えそうなイメージをもてたでしょうか。

それでは結果を見ていきましょう。重回帰分析では出力された結果のすべてを見ていきますので，上から順に解説していきます。表5-1はすべての変数の記述統計量です。

表5-1 記述統計

	平均値（ラン検定）	標準偏差	N
体重増減	.590	1.0236	10
食事回数	88.20	6.374	10
運動時間	96.10	11.289	10
間食回数	11.10	3.665	10
睡眠時間	210.20	23.888	10
事前体重	75.60	15.890	10

余談ですが今回の調査ですと体重の増減について調査しただけですので批判的に見る必要はありませんが，もしこれが体重の減少プログラムを実施していた場合，体重増減の平均値がすでに＋の値をとっているので，プログラム前後の体重の比較をt検定で分析し"本プログラムには効果がなかった"と早々と結論づけなければならないことが起きるかもしれません。

表5-2に相関係数の表が表わされています。この表は後に出てくる"共線性の診断"の部分でかかわりますので，基礎統計として押さえるだけでなくいつでも見直せるようにしておきましょう。

表5-3は投入された変数，除去された変数を表わしています。今回は強制投入方なのですべての変数が投入されただけで，除去されることはありませんのであまり気にする必要はないでしょう。

表 5-2 相関係数

		体重増減	食事回数	運動時間	間食回数	睡眠時間	事前体重
Pearson の相関	体重増減	1.000	.208	−.772	.338	.463	−.174
	食事回数	.208	1.000	−.403	−.177	−.219	−.072
	運動時間	−.772	−.403	1.000	.037	−.483	.205
	間食回数	.338	−.177	.037	1.000	.403	.541
	睡眠時間	.463	−.219	−.483	.403	1000	−.026
	事前体重	−.174	−.072	.205	.541	−.026	1.000
有意確率（片側）	体重増減	.	.282	.004	.170	.089	.316
	食事回数	.282	.	.124	.312	.272	.422
	運動時間	.004	.124	.	.459	.079	.285
	間食回数	.170	.312	.459	.	.124	.053
	睡眠時間	.089	.272	.079	.124	.	.471
	事前体重	.316	.422	.285	.053	.471	.
N	体重増減	10	10	10	10	10	10
	食事回数	10	10	10	10	10	10
	運動時間	10	10	10	10	10	10
	間食回数	10	10	10	10	10	10
	睡眠時間	10	10	10	10	10	10
	事前体重	10	10	10	10	10	10

表 5-3 投入済み変数または除去された変数 b

モデル	投入済み変数	除去された変数	方法
1	事前体重, 睡眠時間, 食事回数, 間食回数, 運動時間[a]		投入

a. 必要な変数がすべて投入されました。
b. 従属変数：体重増減

　表5-4のモデル要約の表は重回帰分析の核となる結果の1つです。この表で見なければならないものは，"R2乗"と"調整済みR2乗"の2つです。前章の相関分析で相関係数rというものを学びましたね。rとは2つの変数同士の関連性の強さでした。重回帰分析では，作成されたモデルから予測された目的変数の値（予測値）と，実際の目的変数の値（実測値）の相関をとります。そして，その相関係数rを2乗した値が上の表の"R2乗"の値です。この値のことを（重）決定係数（R^2と表記）とよび，必ず論文や学会発表などの結果の部分に記載されるものです。相関係数の値と強さについては第4章で述べたことですが，もう一度同じ表をここにも記載しておきます（表5-5）。

表 5-4 モデル要約①

モデル	R	R2乗	調整済みR2乗	標準偏差推定値の誤差
1	.911[a]	.830	.617	.6331

a．予測値：(定数), 事前体重, 睡眠時間, 食事回数, 間食回数, 運動時間.

表5-5 相関の強さ

0.7<｜r｜≦1.0	強い相関がある
0.4<｜r｜≦0.7	やや強い相関がある
0.2<｜r｜≦0.4	弱い相関がある
0.0<｜r｜≦0.2	ほとんど相関がない

　この判断基準となっている値0.7，0.4，0.2を2乗すると，それぞれ0.49，0.16，0.04となりますね。したがってR2乗の値が0.5程度あれば予測値と実測値には強い相関があると考えられ，0.2程度あればやや相関があると考えられ，それ未満だとほとんど相関がないと考えることができます。この0.5，0.2の2つがR2乗値の基準となる値ですので，必ず覚えておいてください。

　今回の結果ではR2乗の値は0.830となっています。したがってこのモデルは非常に予測力の高いモデルであると考えることができます。ただし，この分析に用いたデータは学習用に作成した仮想データなので，実際の調査でこのような高い値をとることはまずありえません。経験的に述べると，この値は0.3前後が多いようです。ですので，0.2〜0.5の間に入れば十分と考えてください。逆にそれ以上の値をとってしまった場合，その目的変数を研究対象とした説明変数で十分に説明できるという理論的な裏付けをしっかりと行なってください。そうでないと，その分析結果はありえない結果であると考えられる可能性もあります。

　次に，"調整済みR2乗"ですが，これは何を調整したかというと，自由度を調整した値です。本書は統計の最も簡単な本を目指していますので詳しい説明は行ないませんが，データ数が少ない研究というのは一般性がある研究とはいいがたいということは容易に理解できると思います。少ないデータから得られたR2乗の値と大量のデータから得られたR2乗の値とを同じ土俵で考えるのはいささかおかしいというわけです。したがってデータ数に応じて結果を調整する必要があるのです。表5-6と表5-7の結果は，N=20のデータ（表5-6）とN=200のデータ（表5-7）のR2乗値と調整済みR2乗値です。

表5-6　モデル要約②

モデル	R	R2乗	調整済みR2乗	標準偏差推定値の誤差
1	.945a	.893	.855	.32156

N=20の場合

　もともとのR，R2乗の値に若干の違いはあるものの，調整済みR2乗の値では大きな違いがあります。N=200の場合だと，調整済みR2乗の値がほとんど減少していないにも関わらず，N=20のデータの場合だとN=200と比較して大きくR2乗値が減少しているのがわかるでしょう。

表5-7 モデル要約③

モデル	R	R2乗	調整済みR2乗	標準偏差推定値の誤差
1	.958[a]	.919	.916	.28643

N＝200の場合

論文にはR2乗値のほかに調整済みR2乗値（adj-R^2 と記載されている場合もある）の2つを記載したほうがいいでしょう。もし記載する必要がないとしても，調整済みR2乗の値が調整する前と比較して大きく減少している場合にはデータ数が少なすぎる可能性もあるので，考察でその旨を述べておいたほうがよいでしょう。

表5-8 分散分析b

モデル		平方和（分散成分）	自由度	平均平方	F値	有意確率
1	回帰	7.826	5	1.565	3.905	.106[a]
	残差（分散分析）	1.603	4	.401		
	合計（ピボットテーブル）	9.429	9			

a. 予測値：(定数)，事前体重，睡眠時間，食事回数，間食回数，運動時間。
b. 従属変数　体重増減

表5-8では，分散分析の結果が示されています。本書で平均値の差を比べたい場合に用いた分散分析ですが，この場合の分散分析では「分析に用いた説明変数で目的変数が説明できるか」ということを検定しています。詳しい説明は省略しますが，この有意確率が0.05未満であるほうが望ましいということになります。

今回の仮想データのケースでは，モデルとしては有意ではないという結果となっています。実際の研究でこのような結果が出てしまった場合には，モデル選択を改めて行なうか，データを増やすということを検討する必要があるでしょう。

表5-9 係数a

モデル		標準化されていない係数		標準化係数	t値	有意確率	共線性の統計量	
		B	標準偏差誤差	ベータ			許容度	VIF
1	(定数)	12.539	7.717		1.625	.180		
	食事回数	-.021	.042	-.129	-.487	.652	.609	1.642
	運動時間	-.082	.028	-.909	-2.966	.041	.453	2.209
	間食回数	.183	.081	.654	2.264	.086	.509	1.964
	睡眠時間	-.012	.014	-.277	-.874	.431	.424	2.358
	事前体重	-.023	.017	-.358	-1.383	.239	.634	1.577

a. 従属変数　体重増減

表5-9が重回帰分析の最も重要な部分です。モデルの下に現われている変数はそれぞれの説明変数であり，その横を見ていき，各変数がどの程度有用なものであるかを捉えています。

まず左から順に標準化されていない係数の"B"を見ます。Bと書いてあるものは，実際は"β（ベータ）"です。βは，偏回帰係数というものです。その説明変数がどの

程度目的変数を説明しているかを表わす指標です。食事回数には"−0.021"とありますが，これは食事回数が1回増えると，体重増減は−0.02増える，換言すると本調査から得られたモデルでは食事が1回増えると体重は0.02 kg減少するということです。βの値は正負いずれの値も取り得ることができ，その関係は相関分析のときと同じような考え方をします。今回の結果ですと運動時間は負の値，間食回数は正の値をとっています。運動時間が増えると体重 が減り，間食回数が増えると体重も増加するという読み方をします。

次に1つ飛ばして標準化係数のベータの部分を見ます。これはそのまま"標準化β係数"や"標準偏回帰係数"とよばれるものです。先ほどの標準化前のβ（Bのこと）の値では，ダイレクトに説明変数の変化と目的変数の変化を結びつけていましたが，標準化することによって説明変数同士の目的変数への影響の度合いの強さを見ることができます。このモデルの説明変数には回数，時間，重さという3種類の次元の異なる変数が存在します。間食の回数1回と運動時間1時間では，それぞれの変数の中で同じ1単位であっても，それらを比較することはできません。したがってそれぞれの変数の中で平均値を0，標準偏差を1にするという作業，つまり標準化というものを行なうのです。そうすることによって相対的だった説明変数同士を絶対的な基準によって比較することができるようになるのです。

この標準偏回帰係数の大きな説明変数が目的変数への説明力が強い変数であるということを表わしています。したがってこの結果からは体重の減少に最も貢献している変数は運動時間であり，体重の増加に最も貢献している変数は間食回数であることが確認できます。

次にt値と有意確率ですが，これは標準偏回帰係数と0をt検定で比較し，0と異なる値であるかを計算した結果です。つまり，この有意確率が0.05未満とならない場合ですと，どんなに高い標準偏回帰係数をとったとしても意味があるとはいえないのです。この点は見落とされやすい部分ですので，必ず確認しておきましょう。つまり本結果からは，運動時間の影響があると言えることになります。

第3節　多重共線性

最後に共線性の統計量の部分で許容度とVIFの値を読みます。共線性とは，多重共線性ともよばれるもので，重回帰分析の結果を信頼していいものかどうかを判断するための指標の1つです。通常，**独立関係にあることが望ましい説明変数**間に高い相関関係がある場合，目的変数を正しく説明できないことがあります。独立関係が保たれているかを表わす指標が多重共線性であると言えます。初めに載せた図5-1の模擬図を用いて簡単に説明してみましょう。

再度，図5-1を見てください。このモデル図では，打率，本塁打数，三振数にはそ

れぞれ高い相関がないという前提を基にしてモデルが作られています。しかし，実際のところは図5-6のように，打率と本塁打数には関連があるかもしれません。

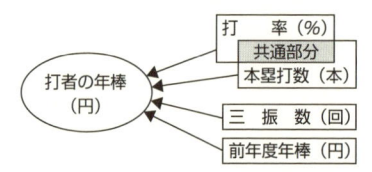

```
         ┌─ 打　率（％）─┐
         │   共通部分      │
打者の年俸 ←── 本塁打数（本）
  （円）  │                 │
         ├─ 三　振　数（回）┤
         └─ 前年度年俸（円）┘
```

図 5-6　打率と本塁打数の関連を捉えた重回帰分析の図

本来打率と本塁打数それぞれが年俸にどのように影響するかを調べたいのにもかかわらず，打率の影響力が強すぎて，本塁打数の影響を小さくしてしまったり，果ては負の影響といった間違った方向性を示してしまったりする可能性がありえるのです。

許容度や VIF の値自体が記載されている論文を見かけることはありませんが，必ず確認するようにしておいてください。許容度とは，その説明変数が他の説明変数では説明できない割合がどの程度あるかというものです。VIF はその許容度の逆数です。したがってどちらを読んでも同じものですので，本書では一般的によく用いられている VIF の値で説明します。VIF の基準ですが，統計的な基準があるというわけではなく，10 以上であったら多重共線性を疑うべきだと考えられています。今回の結果では VIF が最大のものでも睡眠時間の 2.358 ですので，ほぼ大丈夫だと判断してよいでしょう。

表 5-10　共線性の診断 a

モデル	次元	固有値	条件指標	分散プロパティ					
				(定数)	食事回数	運動時間	間食回数	睡眠時間	事前体重
1	1	5.880	1.000	.00	.00	.00	.00	.00	.00
	2	.072	9.015	.00	.00	.01	.44	.00	.01
	3	.026	14.951	.00	.00	.01	.10	.05	.53
	4	.014	20.698	.00	.01	.24	.16	.04	.35
	5	.007	29.614	.00	.23	.04	.23	.26	.09
	6	.000	108.752	1.00	.76	.71	.07	.64	.02

a．従属変数　体重増減

表 5-10 に載っているものは，先ほどの共線性の診断の詳細です。一般的に固有値の値が 0 に近く，条件指標の値が大きく，分散の比率が大きい独立変数は共線性の疑いがあると考えるようです。次元のところに載っている数字は，1 が定数，すなわち説明変数で説明されない部分で，2～6 が説明変数である食事回数～事前体重までです。この結果を読むと，事前体重は固有値が最も低く，条件指標も群を抜いて高く，食事回数，運動時間，睡眠時間との分散の比率も高いので，共線性を疑ったほうがいいかもしれません。

第4節 結果のまとめとステップワイズ法

　結果は以上です。ここまでで明らかになった結果と考察をまとめると以下のようになります。ここでは，結果の解釈をわかりやすくするために，考察とまとめて記載しました。

結果と考察

　Table 1 に重回帰分析の結果を示した。Table 1 より，R 2 乗値は 0.830 と非常に高いモデルの説明力をもつが，調整済み R 2 乗値が 0.617 と大きく下がったので，調査対象者の数が少なすぎた可能性も考えられる。また，モデルの有意性は $F(5,4) = 3.905$ （p>0.10）と確立できなかった。

　標準偏回帰係数は運動時間のみで有意差（p>.01）が認められ，負の値なので運動時間は体重の増減に負の影響を与えるだろうと予測できる。有意確率を10%まで許容すれば間食回数は体重増減に正の影響力をもつと考えられる。しかし，他の変数は有意ではなかったため，モデルに投入する変数としては妥当であるかさらなる検討が必要である。とくに事前体重は，共線性の固有値が低く，分散の比率が高いためモデルの説明変数としては除外したほうが適当かもしれない。

Table 1　体重増減に対する食事回数，睡眠時間，運動時間，事前体重における重回帰分析の結果

	体重増減 (β)
食事回数	−0.13
運動時間	−0.91*
間食回数	−0.65†
睡眠時間	−0.28
事前体重	−0.36
R^2	0.83

†p<.10, *p<.05

　どうでしょう。この結果を読んで，このモデルを最終結果として報告することに抵抗を覚えませんか。実際に強制投入法1度きりでモデルを作り上げる研究は，"少ない"といっても過言ではないでしょう。上記の結果で変数を除外するべきだという課題が上がっているのなら，変数を除去して再度分析を行なえば少しでも質の高い研究結果に近づけるでしょう。このような課題を残したまま報告はできませんね。では，もう1度重回帰分析を行なう必要があるのでしょうか。実は，始めから別の方法を使っていればそのような必要はありません。重回帰分析の方法のところで説明した，"ステップワイズ法"を使えば現在のデータの中で最適なモデルを自動的に作成してくれます。本書では便宜的に強制投入法を先にもってきましたが，重回帰分析を行なう場合には，最初からステップワイズ法を行なってもいいでしょう。

　では，前置きが長くなってしまいましたがステップワイズ法での重回帰分析の結果を見ていきましょう。出し方は図5-4の〈方法〉のプルダウンメニューから〈ステップワイズ法〉を選択するだけで，後は強制投入法の分析プロセスとまったく同じです。

　表5-11～表5-16のような結果が出てくると思いますので，上から順に見ていきま

表5-11 投入済み変数または除去された変数a

モデル	投入済み変数	除去された変数	方法
1	運動時間		ステップワイズ法(基準:投入するFの確率<=.050, 除去するFの確率>=.100)。

a.従属変数:体重増減

　しょう。最初2つの記述統計量と相関係数については，前述とまったく同じものが出力されますので省略します。

　表5-11がモデルについての説明です。前回強制投入法では"投入済み変数"のところにすべての変数が出てきましたが，今回は運動時間だけが残りました。つまり，他の変数についてはモデルに入らなかったということです。どういう基準でモデルを選んだかは，"方法"のところに記載されています。今回はステップワイズ法を用いましたので，その名前が記載されています。ステップワイズ法の変数投入と除去の基準についても書かれています。このFの確率とは，その変数を投入した際のモデルに対して分散分析を行なった結果を比べて，投入するか除去するかを決めているのです。

表5-12 モデル要約

モデル	R	R2乗	調整済みR2乗	標準偏差推定値の誤差
1	.772a	.596	.546	.6899

a．予測値:(定数), 運動時間

　表5-12はモデル集計です。Rの値もR2乗の値も強制投入法よりも若干下がっていることが確認できます。その理由は，1つの事象（今回のケースでは体重の増減）を説明するためには，当然たくさんの現象（説明変数）を使って説明したほうがより説得力があるからです。

　なお，今回の体重の増減という現象を今ある説明変数だけでなく，もっとたくさんの説明変数を投入すればより正確に説明できるようになるでしょう。しかし，その説明変数が20や30もあると，結局のところ体重を減らすために何をしていいのかわからなくなります。

　ステップワイズ法では，説明力を落としすぎず，かつ少ない変数で説明できるような妥協点を探っているのです。その結果が上のモデル要約に出てくるというわけです。今回の説明変数には1つしか残りませんでしたが，自由度を調整しても，強制投入法のときよりR2乗値が下がっていません。

　表5-13が分散分析の表です。最も説明力のある変数のみで説明を行なったため，今回の有意確率は0.009と大変優秀な結果を残しました。このモデルは意味があるということです。

表5-13 分散分析b

モデル		平方和（分散成分）	自由度	平均平方	F値	有意確率
1	回帰	5.621	1	5.621	11.808	.009a
	残差（分散分析）	3.808	8	.476		
	合計（ピボットテーブル）	9.429	9			

a．予測値：(定数)，運動時間
b．従属変数　体重増減

表5-14が偏回帰係数に関わる表です。先ほどのモデルでの運動時間の偏回帰係数の有意確率はぎりぎり5％未満でしたが，今回は1％未満と申し分ない値となりました。なお体重の増減に運動時間は負の影響（減少させる影響）を与えていると解釈します。

表5-14　係数a

モデル		標準化されていない係数		標準化係数	t値	有意確率	共線性の統計量	
		B	標準偏差誤差	ベータ			許容度	VIF
1	(定数)	7.318	1.970		3.715	.006		
	運動時間	−.070	.020	−.772	−3.436	.009	1.000	1.000

a．従属変数　体重増減

表5-15に除外された変数についての説明が入っています。今回はステップワイズ法の判断基準でモデルに入ることがなかった変数ですが，もしモデルに入っていた場合，どの程度の標準偏回帰係数やその有意確率となるか，というある種のシミュレーションが示されているのです。間食回数は標準偏回帰係数の絶対値が他の3つと比べて最も大きいため，入っていたらより正確にモデルを説明できたかもしれません。

もしこれが本調査ではなく，パイロットスタディ（試験的な調査）であるのなら，運動時間と間食回数の2つの変数を強制投入法でモデルに入れて再度分析を行ない，モデルとして適切かどうかを検討してから本調査に移ってもよいでしょう。また，食事回数や睡眠時間といった項目は強制投入法でも大した説明力をもっていなかったので，調査の項目から除外されたのは妥当といえます。除去された変数がなぜ除去されたのかということを理論的に考えておくと，今後の研究がスムーズに進むかもしれませんね。

表5-15　除去された変数b

モデル		投入されたときの標準回帰係数	t	有意確率	偏相関	共線性の統計量		
						許容度	VIF	最小許容度
1	食事回数	−.123a	−.478	.647	−.178	.837	1.194	.837
	間食回数	.367a	1.872	.103	.578	.999	1.001	.999
	睡眠時間	.118a	.436	.676	.163	.767	1.304	.767
	事前体重	−.016a	−.067	.948	−.025	.958	1.044	.958

a．モデルの予測値：(定数)，運動時間．
b．従属変数：体重増減

最後の表5-16に共線性の診断です。今回は説明変数が1つしかありませんので，共線性はありません。

表5-16 共線性の診断 a

モデル	次元	固有値	条件指数	分散プロパティ	
				(定数)	運動時間
1	1	1.994	1.000	.00	.00
	2	.006	18.002	1.00	1.00

a．従属変数　体重増減

第6章

因子分析
——背景の要因を探したい

第1節 因子分析のイメージ

　さて，今までの章では"現在自分がもっているデータ"の比較や関連性を見てきました。この第6章で取り上げる因子分析は，これまでの分析の特徴と少し異なり，データの背景に潜むものを明らかにしようとする手法です。分析方法を学ぶ前に少し簡単に「因子分析ってこんなものなんだ」ということを説明していきます（図6-1）。

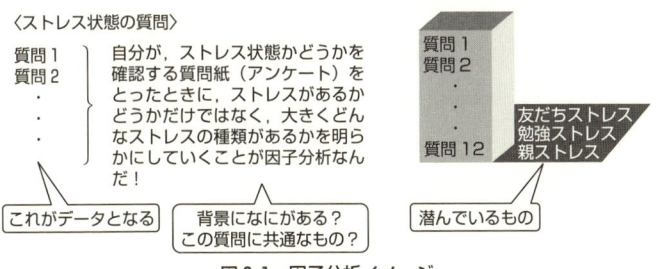

〈ストレス状態の質問〉

質問1
質問2
・
・
・

自分が，ストレス状態かどうかを確認する質問紙（アンケート）をとったときに，ストレスがあるかどうかだけではなく，大きくどんなストレスの種類があるかを明らかにしていくことが因子分析なんだ！

質問1
質問2
・
・
・
質問12

友だちストレス
勉強ストレス
親ストレス

これがデータとなる　　背景になにがある？この質問に共通なもの？　　潜んでいるもの

図6-1　因子分析イメージ

　因子分析では，いくつかの変数の間に相関関係がある場合，それらの変数は何か共通のものでつながっているのではないか，と考えます。
　例えば皆さんも経験があると思いますが，数学の成績が高い人は理科の成績も高い，国語の成績が高い人は英語の成績も高いといった感じです。では，なぜ数学と理科の成績や国語と英語の成績の間に相関関係があるのでしょうか。
　おそらく数学と理科ができる人には計算能力が，国語と英語ができる人には文章読

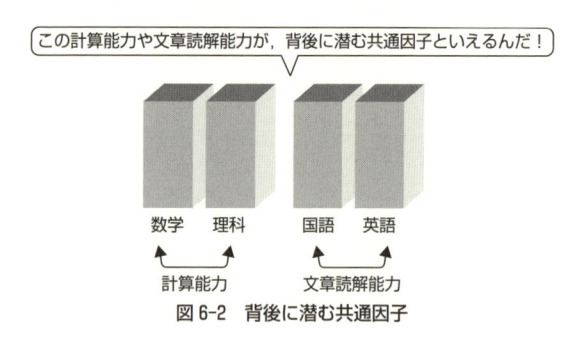

　　　　　　　　この計算能力や文章読解能力が，背後に潜む共通因子といえるんだ！

　　　　　　　　　数学　理科　　国語　英語
　　　　　　　　　　計算能力　　　文章読解能力
　　　　　　　　　図 6-2　背後に潜む共通因子

解能力があるのではないか，と経験的に考えられる人もいるでしょう。このように数学と理科の成績の相関関係を説明する共通の成分を**共通因子**とよびます。先ほど述べました背景に潜むもののことです。

　しかし，計算能力だけでは数学と理科の成績を測れないことは容易に予想できることでしょう。数学の成績を上げるためには当然公式を覚えたり，空間図形を読み取れたりしなければなりませんし，理科では生物分野ですと植物の器官の名前を覚えたり化学式を知っていなければならなかったりします。

　このように計算能力といった共通因子だけでは説明できない成分を**独自因子**とよびます。因子分析では，個々の変数を共通因子と独自因子とに分けて考えます（図6-3）。

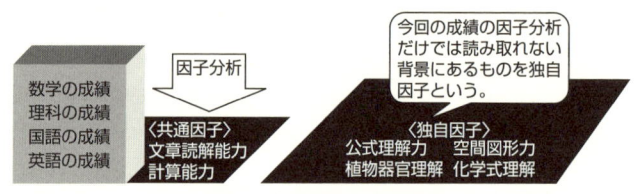

　　　　　　　　　　　　　　　　今回の成績の因子分析
　　　　　　　　　　　　　　　　だけでは読み取れない
　　　　　　　　　　　　　　　　背景にあるものを独自
　　　　　　　　　　　　　　　　因子という。
　　数学の成績　　因子分析
　　理科の成績
　　国語の成績　〈共通因子〉　　　〈独自因子〉
　　英語の成績　文章読解能力　公式理解力　空間図形力
　　　　　　　　計算能力　　　植物器官理解　化学式理解
　　　　　　　図 6-3　共通因子と独自因子

　これをモデル図で示すと，図6-4のようになります。ここでF1やF2とは共通因子，X1，X2，X3，X4は観測された変数（今回の成績の部分），e1，e2，e3，e4は独自因子です。

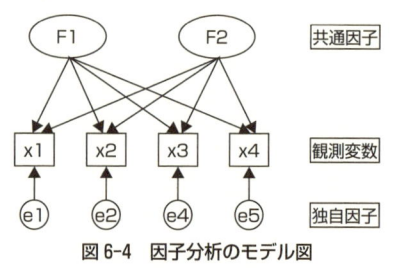

　　　　　　　　F1　　　　F2　　　　共通因子

　　　　　　x1　　x2　　x3　　x4　　観測変数

　　　　　　e1　　e2　　e4　　e5　　独自因子
　　　　　　　図 6-4　因子分析のモデル図

第6章　因子分析——背景の要因を探したい

> 《上級者への豆知識》
> 一般的に直接観測した変数は四角形で，観測されない変数はだ円形で示します。共分散構造分析という複雑なモデルを作成するときには重要な図の形式です。

図6-4のように描くと，いまいちピンときませんが，図6-5の例のように具体的に描くと非常に分かりやすくなります。

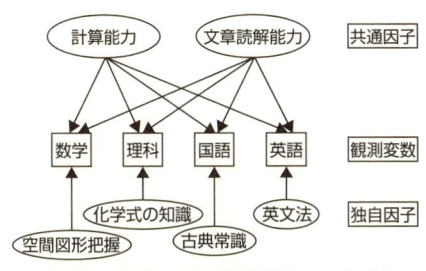

図6-5　教科における因子分析のモデル例

第2節　因子分析の手順——スクリープロット

ここまでの説明でなんとなく「因子分析ってこんなものか」ということがわかっていただけたかと思います。では，さっそく因子分析を行なってみましょう。

①データを入力する

図6-6の仮想データを入力してください。

図6-6　因子分析のデータ

このデータは今の気分を表わす8つの項目について5件法で11人にアンケートをとったものです。項目のラベルは1．不安である，2．緊張している，3．どきどきしている，4．心配である，5．幸せである，6．頭がさえている，7．活力がある，8．体が重たい，です。

さあ，それでは，これら8つの因子の背景に潜む因子を探索してみましょう。

実際のデータで分析する際のサンプル数は最低でも項目数の5倍，理想は10倍く

らい集めることが求められます。そうしないとなかなか分析がうまくいかないとされているからです。

②図 6-7 の〈分析〉→〈次元分解〉→〈因子分析〉を選択

図 6-7　因子分析の分析手順

③図 6-8 の〈変数〉にすべての変数を投入

　左側のボックスにある変数をすべて選択し，右向きの三角をクリックして変数の中に移動させてください。

図 6-8　因子分析

④図 6-8 の〈因子抽出〉をクリック

　図 6-9 の〈方法〉で〈主因子法〉を選択

　〈表示〉の〈スクリープロット〉にチェックを入れる

　選択し終わったら〈続行〉ボタンをクリック

方法の中にはたくさんの方法が出てきて，「どれを使えばいいかわからない！」という方もいるでしょう。本当は自分がもつ仮説のとおりに使い分けるべきなのですが，今回はそこまでこだわらないで計算してみましょう。

どうしても気になる人は，第 5 節に簡単に説明を載せていますので，それを参考にしてください。

⑤図 6-8 の〈回転〉をクリック

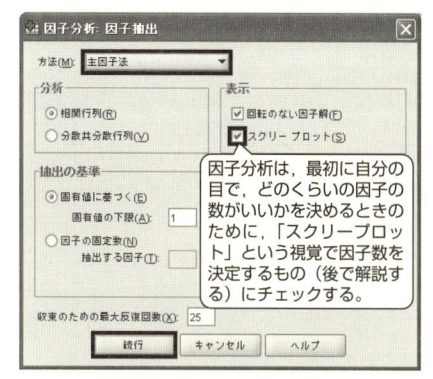

第6章 因子分析——背景の要因を探したい

図6-9 因子分析：因子抽出

（吹き出し）因子分析は，最初に自分の目で，どのくらいの因子の数がいいかを決めるときのために，「スクリープロット」という視覚で因子数を決定するもの（後で解説する）にチェックする。

図6-10の〈方法〉が〈なし〉になっていることを確認して〈続行〉ボタンをクリック

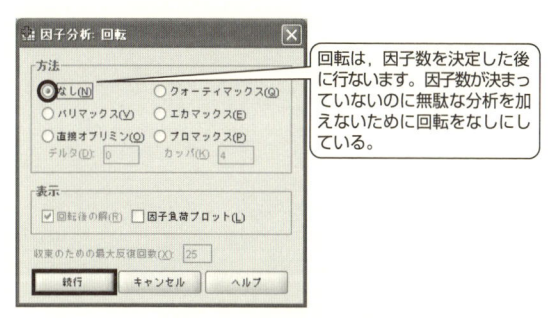

図6-10 因子分析：回転

（吹き出し）回転は，因子数を決定した後に行ないます。因子数が決まっていないのに無駄な分析を加えないために回転をなしにしている。

⑥図6-8の〈オプション〉をクリック

図6-11の〈サイズによる並び替え〉にチェックを入れて〈続行〉をクリック

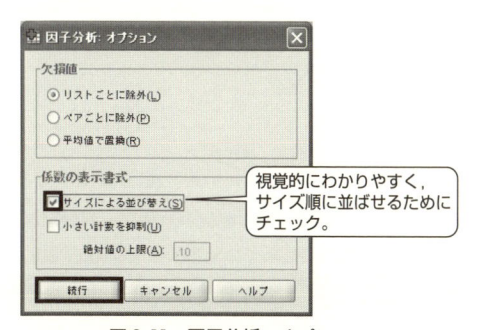

（吹き出し）視覚的にわかりやすく，サイズ順に並ばせるためにチェック。

図6-11 因子分析：オプション

⑦図6-8の〈OK〉をクリック

それでは結果を見てみましょう。ここでは通常表示される結果の表のうち、絶対に見なければならない表のみをピックアップしていきます（表6-1、表6-2、図6-12）。

表6-1　共通性

	初期	因子抽出後
不安である	.816	.753
緊張している	.798	.791
どきどきしている	.678	.541
心配である	.828	.743
幸せである	.930	.971
頭がさえている	.858	.685
活力がある	.914	.895
体が重たい	.738	.683

因子抽出法：主因子法

表6-2　説明された分散の合計

因子	初期の固有値			抽出後の負荷量平方和		
	合計	分散の%	累積%	合計	分散の%	累積%
1	4.675	58.443	58.443	4.467	55.837	55.837
2	1.872	23.404	81.847	1.596	19.946	75.783
3	.514	6.428	88.275			
4	.396	4.945	93.220			
5	.299	3.735	96.955			
6	.144	1.795	98.750			
7	.056	.700	99.450			
8	.044	.550	100.000			

因子抽出法：主因子法

累積寄与率

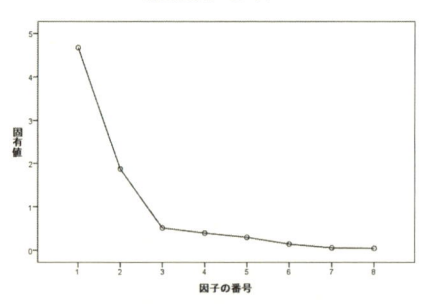

図6-12　因子のスクリープロット

上から順に見ていきます（表6-1については《上級者の豆知識》にて後述します）。共通性とは、その項目が背景にある因子とどの程度共通部分をもつかという指標です。ここでは共通性が1を超えていないか、特定の項目のみ共通性が著しく低いものがないかを確認します。特に後者に当てはまった場合、その項目のみ除いて、もう1度因子分析を行ないます。実は表6-2と図6-12は、同じものを表わしています。「説明さ

第6章　因子分析――背景の要因を探したい

れた分散の合計」(表6-2) の1番左にある"因子"が「スクリープロット」の横軸，"因子の番号"になります (図6-13)。

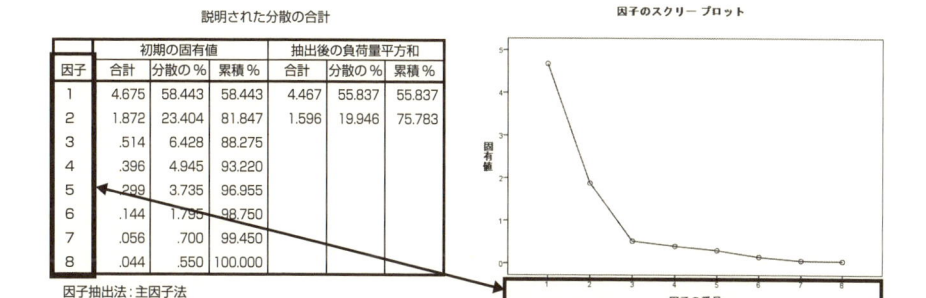

図6-13　因子分析の図表の因子の番号

表6-2の2列目，"初期の固有値"の"合計"を図にプロットしたものが図6-14の縦軸"固有値"になっています。固有値は，因子分析に出てくる単語で，因子数を決める値だと思ってください。

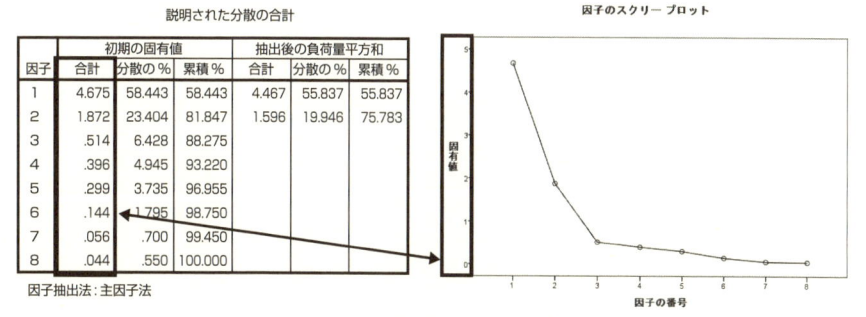

図6-14　因子分析の図表の固有値

では，結果を読みながら因子分析の手順について説明していきましょう。

先ほども最初は，スクリープロットで確認といったように，因子分析の手順は，今までの分析と違い，この1回で終わりではありません。最低でも2回は行なわなければなりません。「1回目の結果は何を見ればいいの？」ということなのですが，これは「本番の因子分析で，いくつの因子を仮定して計算するか？」ということを決定するためのものです。

そこで，この結果を見て因子数を決定してみましょう。

```
《因子数を決定する基準》
① カイザー基準
② スクリー基準
```

因子数を決定するために，まず"固有値"を見ます。固有値から因子数を決定する方法は2通りあります。1つ目の方法は**固有値が1以上となる因子数**を選択するカイザー基準のことをいいます。

　カイザー基準によると，第2因子の固有値が1.872，第3因子は0.514なので，この基準では第2因子までを採用します。

表6-3　説明された分散の合計（カイザー基準）

因子	初期の固有値			抽出後の負荷量平方和		
	合計	分散の%	累積%	合計	分散の%	累積%
1	4.675	58.443	58.443	4.467	55.837	55.837
2	1.872	23.404	81.847	1.596	19.946	75.783
3	.514	6.428	88.275			
4	.396	4.945	93.220			
5	.299	3.735	96.955			
6	.144	1.795	98.750			
7	5.596E-02	.700	99.450			
8	4.402E-02	.550	100.000			

因子抽出法：主因子法

> カイザー基準では，固有値の合計が1.000以上のところだよ。ここでは，2因子となります。
> 固有値とは，それぞれの因子に影響を与える数値のことで，1.000つまり1以上というのは，1個の因子が存在するというようにとらえることができます。したがって，1以下の場合は，1個の因子の存在すらないということになるから，その因子は因子数として換算しないということになります。

　もう1つの方法は**固有値の落差が最も大きくなる因子の1つ手前までを因子数として特定する**スクリー基準です（図6-15）。

　スクリー基準で見ていくと第2因子と第3因子の差は1.872−0.514＝1.358，第3因子と第4因子の差は0.514−0.396＝0.118なので，差が最大となった第3因子の1つ手前の第2因子までを採用します。

　「スクリー基準はいちいち計算しないといけないから面倒くさそうだ」と思われた方もいるかもしれません。しかし，この基準は実は計算しなくてもほぼ同じ結果を視覚的に判断することができるのです。

　どうやって判断するかというと，図6-15のようにスクリープロットに線を入れます。線の引き方は第1因子側からと，ある程度変化しなくなった後ろのほうから，傾きに沿って線を引きます。これは「厳密に計算した結果こう引かなければならない」というわけではありませんので，大まかでいいです。線を引いたら，その交点よりも上にある因子数までを採用します。この場合でも2因子までを採用します。

　ここで1つ注意しなければならないことは，この2つの因子数の決定基準で因子数を決めましたが，「本当にその因子数でいいのか？」ということです。そのために"累積%"の列に表われている**累積寄与率**（表6-2）を確認します。累積寄与率とは，その因子数まででデータをどの程度説明できるかということです。今回の場合ですと2因子を採用するので，2因子でデータの81.8%を説明できるということになります。累積寄与率はおおむね50%以上，最低でも30%以上あることが望ましいので，この

値を超えているかということが因子数決定の判断基準になります。

因子のスクリープロット

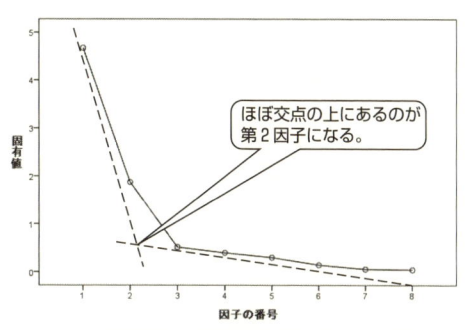

(図中の吹き出し) ほぼ交点の上にあるのが第2因子になる。

図6-15　因子のスクリープロット（スクリー基準）

《上級者への豆知識》

　因子数を決定する際，固有値以外からも因子数を決定することがあります。一番よく使われるのは，"構成概念から因子数を決定する"というものです。もともと尺度を作成する際，構成概念からいくつの因子構造をとるか，ということを仮説にもっている場合がほとんどだと思います。その因子数を当てはめてしまってもよいのです。ただし，いきなり1回目の因子分析を飛ばして本番の分析をするのは望ましくありません。構成概念による因子数は人間が考えたものであり，その因子同士が本当に独立して因子を形成するかはわからないからです。

　そのため，因子数を決定するための因子分析は絶対に行なう必要があります。その結果，構成概念による因子数がカイザー基準，スクリー基準で得られた因子数と比較して±1個であったら，採用してもよいでしょう。それ以上離れている場合，構成概念や項目作成の段階で何か見落としがあったのかもしれません。もう一度尺度を見直す必要があるでしょう。

第3節　プロマックス回転

　カイザー基準とスクリー基準のどちらでも2因子が妥当だろうという結果が出ましたね。では，次は本番の因子分析です。再度図6-7の因子分析の手順を行ないましょう。

① 〈分析〉→〈次元分解〉→〈因子分析〉を選択（図6-7）
② 先ほどの項目が〈変数〉に入っていることを確認（図6-8）
③ 図6-8の〈因子抽出〉をクリック
④ 図6-16の〈方法〉で〈重み付けのない最小2乗法〉を選択
⑤ 〈表示〉の〈スクリープロット〉のチェックを外す

⑥〈抽出の基準〉の〈因子の固定数の抽出する因子〉に"2"と入力
すべて終わったら〈続行〉

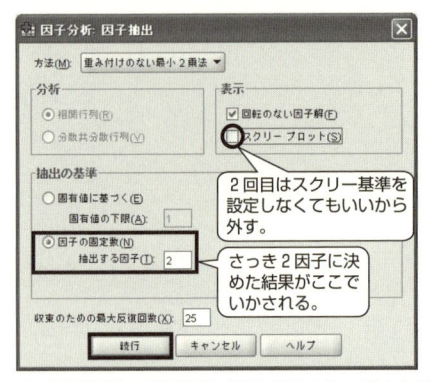

図 6-16　因子分析：因子抽出（重み付けのない最小2乗法）

今回は重み付けのない最小二乗法を選択しました。因子の抽出方法については，最後のほうで説明しますので，そこを読んでください。

⑦図 6-8 の〈回転〉をクリック
図 6-17 の〈方法〉を〈プロマックス〉にして〈続行〉

図 6-17　因子分析：回転（プロマックス）

ここで新たに因子の回転という概念が出てきました。この説明も後ほどふれますので，今は先に計算してしまいましょう。

⑧図 6-8 に戻ったら〈OK〉をクリック

それでは計算結果を見てみましょう。通常示される表の中でも，絶対に見なければいけないポイントだけ押さえていきますね。

表 6-4〜表 6-6 が因子分析の結果になります。まずは表 6-4 の累積寄与率を見てみましょう。今回は 2 因子を採用しますので，先ほどと同様の 81.8％となり，十分な値をとります。

表 6-4 説明された分散の合計

因子	初期の固有値			抽出後の負荷量平方和			回転後の負荷量平方和[a]
	合計	分散の%	累積%	合計	分散の%	累積%	合計
1	4.675	58.443	58.443	4.467	55.838	55.838	3.757
2	1.872	23.404	81.847	1.595	19.944	75.782	3.701
3	.514	6.428	88.275				
4	.396	4.945	93.220				
5	.299	3.735	96.955				
6	.144	1.795	98.750				
7	.056	.700	99.450				
8	.044	.550	100.000				

因子抽出法：重みなし最小二乗法
a．因子が相関する場合は，負荷量平方和を加算しても総分散を得ることはできません。

表 6-5 パターン行列[a]

	因子	
	1	2
幸せである	.975	−.021
頭がさえている	.928	.288
活力がある	.917	−.057
心配である	.152	.925
どきどきしている	.374	.841
緊張している	−.257	.736
不安である	−.298	.683
体が重たい	−.347	.600

因子抽出法：重みなし最小二乗法
回転法：Kaiser の正規化を伴うプロマックス法
a．3回の反復で回転が収束しました。

表 6-6 因子相関行列

因子	1	2
1	1.000	−.486
2	−.486	1.000

因子抽出法：重みなし最小二乗法
回転法：Kaiser の正規化を伴うプロマックス法

　次に表 6-5 の〈パターン行列〉に注目してください。この中にある数字のことを因子負荷量といいます。因子負荷量とは，その項目がどの程度それぞれの因子と相関があるかという値です。平たくいってしまえば，その相関の値が因子負荷量になります。**因子負荷量の絶対値は 0 以上 1 以下の値をとります（相関係数の絶対値も 0 以上 1 以下でした〔p.77〕）**。負荷量が正の値の場合，その項目はその因子で測定したいものを見ていると考え，逆に負の値の場合，その項目は測定したいものを逆から見ている，すなわち，逆転項目ということになります。

因子負荷量を見るための基準となる値は，統計的に厳密に決まっているわけではありませんが，おおよそ 0.3～0.4 を基準にするといわれています。本書ではお手本として精度の高い 0.4 を基準として採用します。

例えば表 6-5 の結果にある "頭がさえている" とうい項目は，第 1 因子に 0.928，第 2 因子に 0.288 の負荷量を示しているため，第 1 因子に属しているほうが，因子負荷量が高いですよね。そのため，第 1 因子に属すると解釈します。このように関係性の高い因子群（項目群）を揃えていくのが因子分析といえます。

もうひとつ大事なものをここにあげています。

表 6-6 の〈因子相関行列〉とは，自分が抽出した因子同士にどの程度相関があるかという値です。このことを説明するためには「因子の回転」についてふれなければならないため，ここで簡単に説明します。

「因子の回転」とは，自分が抽出する因子を抽出しやすくするためのものです。今まで注目しなかった結果に，因子行列と表示されるものがあります。**これはちょうどパターン行列の前のほうに出てきます**（表 6-7）。

表 6-7　因子行列 a

	因子	
	1	2
幸せである	-.865	.474
緊張している	.853	.252
活力がある	-.845	.427
不安である	.843	.205
体が重たい	.815	.137
心配である	.660	.554
どきどきしている	.396	.621
頭がさえている	-.558	.610

因子抽出法：重みなし最小二乗法
a. 2 個の因子が抽出されました。7 回の反復が必要です。

表 6-7 の因子行列に表われている値も因子負荷量の値です。わかりやすくするために散布図にしてみましょう。（図 6-18）

それぞれの項目が第 1 因子と第 2 因子にどの程度関連があるかということを示しています。ですが，このままではどの項目がどちらの因子にまとまっているかがわかりづらいですね。そこで因子を表わしている軸を回転させてしまおうというのです（図 6-19）。

どうですか？　軸を回転させることでどの項目がどちらの因子に当てはまるかがわかりやすくなったでしょう。これが因子の回転です。

因子を回転させる方法は大きく分けて 2 通りに分類されます。1 つ目が図 6-19 のように 2 つの軸を直角に配置したまま回転させる**直行回転**です。軸が直角に交わっているということは，その因子の間に相関を仮定しないという仮説を持ちます。もう 1 つの回転方法が，因子間に相関を仮定する**斜交回転**です（図 6-20 の右図）。斜交回転

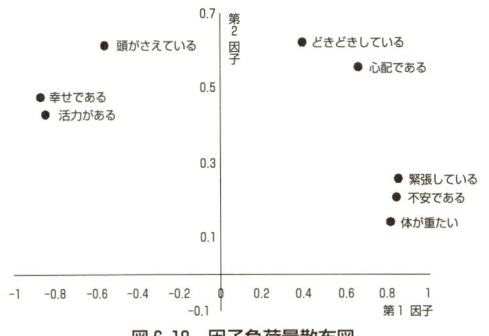

第6章　因子分析——背景の要因を探したい

図 6-18　因子負荷量散布図

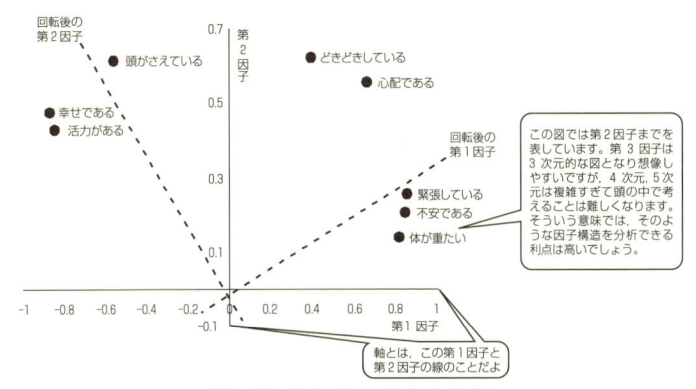

図 6-19　因子負荷量散布図：回転

この図では第2因子までを表しています。第3因子は3次元的な図となり想像しやすいですが，4次元，5次元は複雑すぎて頭の中で考えることは難しくなります。そういう意味では，そのような因子構造を分析できる利点は高いでしょう。

軸とは，この第1因子と第2因子の線のことだよ

では因子軸をそれぞれ自由に回転させ，まとまりをよくしようとしたものです。軸が直交しないので，因子同士の相関を仮定した回転方法になります。

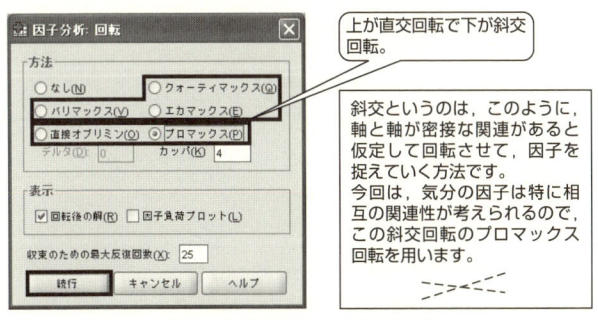

上が直交回転で下が斜交回転。

斜交というのは，このように，軸と軸が密接な関連があると仮定して回転させて，因子を捉えていく方法です。
今回は，気分の因子は特に相互の関連性が考えられるので，この斜交回転のプロマックス回転を用います。

図 6-20　因子分析：回転の分類

SPSS パッケージの中にもいくつか回転方法が用意されています。ですが初学者の方々は最も有名な回転方法を2つだけ覚えておきましょう。代表的な直交回転である

バリマックス回転，斜交回転であるプロマックス回転です。すべての回転方法にはそれぞれ特徴がありますから，より厳密に分析をしたい方は自分で調べてみるといいかもしれません。

さて，話を分析結果に戻しましょう。今回の因子分析ではプロマックス回転を行なったので，因子間に相関関係を仮定しています。その相関関係の値が表6-6にあげた因子相関行列です。プロマックス回転後は第1因子と第2因子の間に－0.486の相関が認められました。相関を仮定した回転方法ですので，妥当な値といえるでしょう。

少し難しいことを付け加えますと，斜交回転を行なった後の相関は当然低すぎてはいけませんが，高すぎてもいけないのです。なぜなら，極端な話をすれば第1因子と第2因子の相関が0.99もあれば，それは2つの因子に分ける意味はないということです。相関分析では，0.70以上が高いといわれていますので，因子分析の場合は，0.7以上の値が示されたら，やや注意されるといいかもしれません。

今回の本番の因子分析はこの1回で終了です。ですが，実際に自分でやってみると1回の本番の因子分析で終わることはまずないでしょう。以下に少し本番を2回以上行なう場合についてふれておきます。

因子分析の結果，どの因子にも負荷量の絶対値が0.4未満の値をとってしまう項目がある場合があります。これは自分が仮定した因子数の中に入りきれない項目があったということです。このような場合，その項目を除いて再度因子分析を行ないます。逆に複数の因子に0.4以上の負荷量をもつ項目が出てくることもよくあります。その場合は構成概念をよく考えなければなりません。その項目が高い負荷量を示している因子との関連は妥当なものであるか，ということです。他の項目とも合わせて見て妥当なものであれば因子の項目の中に採用してもよいですが，どうしても合わない項目だと思ったら負荷量が小さかった場合と同様に，その項目を外してもう一度因子分析を行ないます。

ただし，0.35や0.30を基準にすることもあれば，0.40を基準にしても，0.390ぐらいの0.40に近い負荷量を示す因子（項目）の場合は，外さずに用いることもあります。このへんは分析者の判断に任せられるのですが，おおよその基本は，0.40と覚えておきましょう。また0.40以上の負荷量が2つの因子にまたがっていても，一方の負荷量がかなり高い場合は，そのまま採用することもあります。ここも分析者の判断に任せられているといえます。

表6-8は見本で，「結婚相手に求めるもの」の因子分析の結果です。第1因子を「内面的要因」，第2因子を「社会的要因」と名づけてみます。「高学歴である」は第1因子に0.480，第2因子に0.701と2つの因子に高い負荷量を示しているので，どっちつかずの因子と考えられますので減らしてもいいでしょう。ただし，一方に0.701と高い負荷量を示しているので，第2因子にすることもできます。分析者の考えに委ねられるのです。

また「ルックスがいい」は，負荷量が 0.40 以下なので，減らしてもいいでしょう。ただし，「同じ趣味がある」のように 0.40 に近い値をとり外すのに微妙な場合，検討の余地があるでしょう。

表 6-8　結婚相手に求めるものパターン行列 a

	因子 1	因子 2
自分を愛してくれる	.655	−.021
温かい性格	.435	.288
同じ趣味がある	.390	−.057
仕事ができる	.155	.925
経済力がある	.374	.788
高学歴である	.480	.701
ルックスがいい	−.101	.298

因子抽出法：重みなし最小二乗法
回転法：Kaiser の正規化を伴うプロマックス法
a．3回の反復回転が収束しました。

このように項目を減らしながら何度も因子分析を行なっていき，理想では各項目が 1 つの因子にのみ高い負荷量を示すまで繰り返します。ここで注意しなければならないことは，最終的な因子分析の計算結果で各因子の項目数が 3 つ以上になるようにするということです。これも厳密な基準があるわけではありませんが，あまりにも少ない項目だけで 1 つの背景因子の名前を決めてしまうのも危ういことです。3 項目未満で構成される因子が出てきたら因子数を減らしたほうがいいでしょう。減らした後も，前述したように基準となる因子数 − 1 であれば良い結果といえるでしょう。

逆にどうしても項目を減らしたくない場合は，項目を追加することを考えなければなりません。あくまでも計算の結果，その項目が属する適切な因子が見つからなかっただけであって，実際にはもう 1 つ 2 つ質問項目を増やすことで新たに 1 つ因子を形成できる可能性があるからです。1 つの因子の中に項目が 2 つしかないとしても，自分の中では仮定していなかった因子が抽出されているのかもしれません。その場合は構成概念としてまとまりがよさそうな項目を追加し，データの収集からやり直して再度因子分析を行なうことも求められるでしょう。

第4節　信頼性係数（Cronbach の α 係数）

いよいよ因子分析も大詰めです。分析が終了したら，次は因子に名前をつけてあげなければなりません。こればかりは，機械にはできない作業ですので，研究者が頭をひねって誰もが納得するような名称をつけなければなりません。しかし，難しいといっても，自分なりの考えが反映されるところですから，自分の考えを主張する楽しい

ところでもあります。

　例えば，第1因子には"幸せである"，"頭がさえている"，"活力がある"が正の負荷量を示しているので"元気な気分"因子と名づけます。第2因子には"心配である"，"どきどきしている"などの項目があるので，"嫌な気分"因子と名づけます。元気な気分と嫌な気分には負の相関があると考えられるので，妥当な命名だといえるでしょう。

　因子分析の計算も終わり，因子に名前をつけましたが，実は最後にもうひとつ大事な作業が残っているのです。それは因子の信頼性を検討するということです。これはCronbach（クロンバック）のα（アルファ）係数とよばれるもので，因子の内的整合性を示す指標となるものです。つまり因子を構成している項目に整合性があるかを判断するものです。この値が0.8以上あれば内的整合性は十分といえるでしょう。

　では算出してみましょう。今回は今までやってきたSPSSのどの分析よりも簡単ですよ。

①〈分析〉→〈尺度〉→〈信頼性分析〉（図6-21）

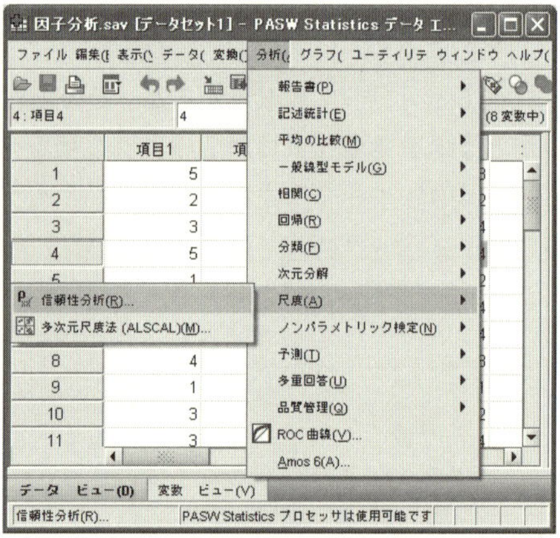

図6-21　信頼性分析の分析手順

②〈項目〉に第1因子の項目である項目5，項目6，項目7を入れて〈OK〉をクリック（図6-22）

　これでα係数の算出は終わりです。簡単でしたよね？　では，結果を見てみましょう。

　表6-9がクロンバックのα係数の値になります。今回は0.929という値ですので，十分に内的整合性を有している因子であるといえます。同様に第2因子もα係数を求めます。結果α＝0.886となり，こちらの因子も十分な値といえます。**つまり，確定した因子すべてのα係数を求めます。**

　クロンバックのα係数は，信頼性係数の1つで，因子内にある項目が同様の内容，

第6章 因子分析——背景の要因を探したい

図6-22 信頼性分析

表6-9 信頼性統計量

Cronbach のアルファ	項目の数
.929	3

例えば"元気な気分"を測定する項目として、一貫性を保っているということを示す値といえます。

ちなみに図6-22の〈統計量〉を押して、図6-23で、〈項目を削除したときの尺度〉にチェックし〈続行〉、図6-22に戻り〈OK〉すると、その項目が外れたときのほうが α 係数が高くなるかどうかを見る「項目が削除された場合のCronbachのアルファ」やI-T相関といわれる項目と項目合計値との相関である「修正済み項目合計相関」が出てきます（表6-10）。

図6-23 信頼性分析：統計量

「項目が削除された場合のCronbachのアルファ」では、その項目を削除したほうが明らかに α 係数が上がる場合、それを省いたほうがいいと判断します。

表 6-10　項目合計統計量

	項目が削除された場合の尺度の平均値	項目が削除された場合の尺度の分散	修正済み項目合計相関	項目が削除された場合の Cronbach のアルファ
幸せである	7.00	5.000	.927	.836
頭がさえている	6.73	5.618	.766	.964
活力がある	7.00	5.200	.873	.881

　「修正済み項目合計相関」は，その項目と，その項目以外の合計値との相関関係です。ここも，明らかに低い場合や，負の値をとる場合は，その項目を省いたほうがいいと判断します。

　これらは，内的整合性を高めるために，不必要な項目を探すのに便利な機能です。ただし，ここで項目を削除してしまった場合はもう一度本番の因子分析をやり直さなければなりません。そして，その前に，どうしてその項目の内的整合性が低いのかを構成概念に立ち返って考え直さなければならないでしょう。信頼性を得るために妥当性を欠いてしまっては本末転倒になってしまうからです。

第5節　因子の抽出方法について

《因子の抽出方法》
① 主因子法
② 最小二乗法
③ 最尤法

　以上で，因子分析はほぼ終わりです。
　今回は主因子法と重み付けのない最小二乗法だけを用いました。ここでは代表的な方法を3つ説明しておきます。後に出てくる方法ほど，因子を抽出するための制約が厳しくなり，つまりはより適切なモデルが採用される可能性が高いということになります。
　まず，主因子法ですが，これは因子を抽出する際，第1因子から順に寄与率が最大となるように因子を抽出する方法です。昔はよく使われていたようですが，統計パッケージが進化した現代では，ほかにあげるもっと制約の厳しいとされる抽出方法のほうが好まれる場合もあります。
　次に最小二乗法です。論文を読んでみますとよく見かける方法です。SPSSには"重み付けのない最小二乗法"と"一般化された最小二乗法"が用意されています。

最小二乗法とは，**観測値と予測値の差の二乗和を最小にする方法**です。つまり，観測値と予測値のズレを最小にする方法とも言えます。観測値とは，何も手を加えないそのままのデータ（ローデータ），予測値とは，ローデータを因子分析した際に得られる値，つまり因子負荷量のことです。ローデータと因子負荷量の差が最小になるように因子を抽出する方法が最小二乗法です。

　一般化と重み付けは同じことをいっています。つまり，一般化された最小二乗法とはデータを標準化して最小二乗法で計算し，重み付けのない最小二乗法とは標準化しないでローデータのまま計算するというものです。例えば項目1～10までは5件法で，項目11～20までは7件法でデータを採取した場合，基準が違いますので必ず標準化する必要があります。今回の分析ではすべて5件法でしたので，"重み付けのない最小二乗法"を使ったというわけです。標準化とは，どのような評価方法（5件法でも7件法でも），評価方法を合わせて一律に見られるようにする計算と考えると簡単でしょう。

　最後に，最も制約が厳しい因子抽出方法が最尤法です。読んで字のとおり，最も尤もらしい方法です。最尤法では，モデルが実際の観測データに合っているかどうかを尤度（ゆうど）という指標を用いて計算します。そしてその尤度が最大となるように因子を抽出する方法です。そのため，仮説モデルが観測データにどの程度当てはまっているかということを示す適合度（カイ2乗の値が有意でないとモデルの当てはまりがよい）の検定が可能となります。**逆にいえば，適合度が示されるので，一番信頼できる因子分析といえるかもしれません。**

　今回の仮想データですと，8項目に対し11人という非常に少ない数で因子分析を行なっています。そのため最尤法で計算しますと適合度が非常に低く算出されてしまいます。見本となるように最も見た目が良い結果を求め，この本では最小二乗法を選択したというわけです。もし皆さんが自分のデータで研究する場合は，最尤法から始めて，どうしてもうまくいかない場合は最小二乗法に制約を落として分析するのもいいでしょう。

　因子分析の論文への記載の仕方を載せておきます。図6-24のような因子分析表を，最後の因子分析のところで得られたパターン行列と因子相関行列をベースにしてExcel等で作ってから載せるといいでしょう。

　因子分析は，質問紙の尺度の因子を決定するために用いられることがほとんどです。そのため，健康等の概念に関連性のあると思われる項目を測る場合ならば，項目間の関連性はあると判断され，プロマックス回転が用いられることがほとんどです。このとき尺度の信頼性には，本章で紹介したCronbachのα係数，並びに質問紙を再度行ない，2回の結果の相関を求める再検査信頼性があります（おおむね2～3週間後に再検査）。また尺度作成には妥当性が求められますが，おおむね，その質問紙（尺度）が測定したい内容と類似の他尺度を測定し，両者の相関を求める併存的妥当性などがあります。なお，**信頼性は，尺度が何度測定されても一定の状況下では同様の結果を**

結 果

8項目について主因子法に基づく因子分析を行なった。分析の結果，固有値の値（第1因子から第3因子まで，4.68, 1.87, 0.51）から判断し，2因子を採用した。これらの因子に対し，最小二乗法，プロマックス回転で因子分析を行なった。8項目すべての因子負荷量は，0.4以上の負荷量を示し，かつ2つの因子にまたがって0.4以上の値を示さなかった。第1因子には，"幸せである"，"活力がある"，"頭がさえている"，という項目に高い負荷量が付与されたことより，「元気な気分」と命名した。第2因子は，"心配である"，"どきどきしている"，"緊張している"，" 不安である"，"体が重たい"，の項目が入っていたため「嫌な気分」と命名した。クロンバックのα係数は第1因子で0.929，第2因子で0.886だった。

Table 9. 今の気分尺度の因子分析結果（n=11）

項 目	I	II
第1因子：元気な気分　α＝0.929		
項目5. 幸せである	0.975	−0.021
項目6. 頭がさえている	0.928	0.288
項目7. 活力がある	0.917	−0.057
第2因子：嫌な気分　α＝0.886		
項目4. 心配である	0.152	0.925
項目3. どきどきしている	0.374	0.841
項目2. 緊張している	−0.257	0.736
項目1. 不安である	−0.298	0.683
項目8. 体が重たい	−0.347	0.600
因子相関行列	I	II
I		−0.49

図6-24　論文掲載の見本

示せるということを，妥当性は，尺度が測定したいものを測定できているということを表わす尺度の精度を示すものです。これで皆さんも因子分析ができるようになりましたね。最後に補足説明をしていきます。

第6節　バリマックス回転

今回は斜交回転を用いましたが，中には直交回転を用いたい方もいることでしょう。直交回転を用いる際に最も注意しなければならないのは，「直交回転と斜交回転では因子分析表の作り方が違う！」ということです。実際に今回使ったサンプルデータをバリマックス回転で分析して見てみましょう。やり方は本番の因子分析の⑦（図6-17）の方法でプロマックスではなくバリマックスを選択するだけです。後は同じようにすれば以下のような結果が出てきます（表6-11，表6-12）。

説明された分散の合計は同じですが，バリマックス回転では"パターン行列"ではなく"回転後の因子行列"が示されます。本来ならば因子負荷量の絶対値が両方の因子に0.4以上かかっている項目が3つあるため，それらを除去して再度因子分析をかけなおさなければなりませんが，今回は補足説明ということで省略します。

これを元に因子分析表を作るときは，図6-25の左上のような表を作らなければなりません。

第6章 因子分析——背景の要因を探したい

表6-11 説明された分散の合計（バリマックス回転）

因子	初期の固有値			抽出後の負荷量平方和			回転後の負荷量平方和		
	合計	分散の%	累積%	合計	分散の%	累積%	合計	分散の%	累積%
1	4.675	58.443	58.443	4.467	55.838	55.838	3.093	38.668	38.668
2	1.872	23.404	81.847	1.595	19.944	75.782	2.969	37.114	75.782
3	.514	6.428	88.275						
4	.396	4.945	93.220						
5	.299	3.735	96.955						
6	.144	1.795	98.750						
7	.056	.700	99.450						
8	.044	.550	100.000						

因子抽出法：重みなし最小二乗法

表6-12 回転後の因子行列a

	因子	
	1	2
幸せである	.952	−.256
活力がある	.905	−.276
頭がさえている	.825	.055
心配である	−.094	.857
緊張している	−.441	.772
不安である	−.468	.731
どきどきしている	.144	.722
体が重たい	−.493	.663

因子抽出法：重みなし最小二乗法
回転法：Kaiserの正規化を伴うバリマックス法
a．3回の反復で回転が収束しました。

今の気分尺度の因子分析結果（n=11）

項目	I	II	共通性
第1因子： α=0.929			
項目5. 幸せである	0.952	-0.256	0.97
項目7. 活力がある	0.905	-0.276	0.90
項目6. 頭がさえている	0.825	0.055	0.68
第2因子： α=0.886			
項目4. 心配である	-0.094	0.857	0.74
項目2. 緊張している	-0.441	0.772	0.79
項目1. 不安である	-0.468	0.731	0.75
項目3. どきどきしている	0.144	0.722	0.54
項目8. 体が重たい	-0.493	0.663	0.68
説明分散	3.09	2.97	6.06
説明率	38.67	37.11	75.78

（表6-11部分）

回転後の負荷量平方和		
合計	分散の%	累積%
3.093	38.668	38.668
2.969	37.114	75.782

共通性

	初期	因子抽出後
不安である	.816	.753
緊張している	.798	.791
どきどきしている	.678	.542
心配である	.828	.743
幸せである	.930	.972
頭がさえている	.858	.684
活力がある	.914	.896
体が重たい	.738	.683

因子抽出法：重みなし最小二乗法

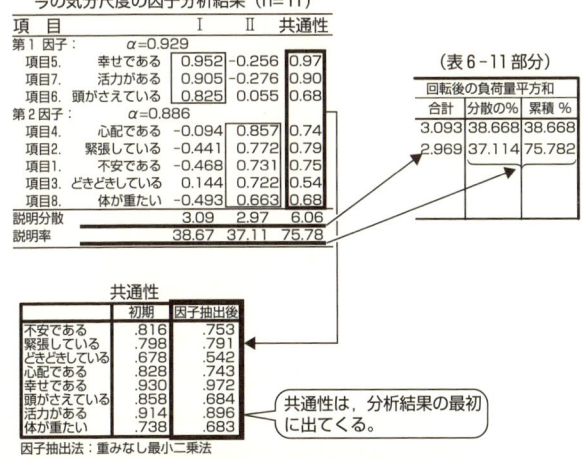

共通性は，分析結果の最初に出てくる。

図6-25 バリマックス回転の結果の表

今回は直交回転ですので因子名の解釈は非常に難しいと判断したのであえて名前はつけていません（第1因子等としています）。ここで新たに出てきたものは，"共通性"，"説明分散"，"説明率"です。それぞれについて説明していきましょう。

この章の一番最初のほうで，「因子分析とはあるものを共通因子と独自因子で説明する」ということが書いてあったのを覚えていますか？ 覚えていなかった人は見直してみましょう。その共通因子で説明できる比率を共通性といいます。そして説明分散はその因子で説明できる分散の大きさ，説明率は説明分散を割合で表わしたものです。

《上級者への豆知識》

初めのほうで因子分析のモデルには「共通因子＋独自因子」があると述べましたね。その共通因子の値が共通性ということになります。

共通性の計算方法はそれほど難しくありません。共通性は図6-25左上の横の2乗和，因子の説明分散は縦の2乗和，共通性の説明分散は共通性の総和，説明率は説明分散を項目数で割り，整数にしたものです。具体的に計算してみましょう。"項目5．幸せである"の共通性は $0.952^2 + (-0.256)^2 = 0.97$ となります。第1因子の説明分散は $0.952^2 + 0.905^2 + \cdots + (-0.493)^2 = 3.09$ ですね。共通性の説明分散は $3.09 + 2.97 = 6.06$ です。もしくは $0.97 + 0.90 + \cdots + 0.68 = 6.06$ ですね。今回の説明率は，全部で8項目ありますので各因子の説明分散を8で割って100倍すれば求められます。第1因子の説明率は $3.09 \div 8 \times 100 = 38.67$ になりますね。ここで共通性の説明率が累積説明率になります。累積説明率は累積寄与率と同じ意味です。

また，どうして直交回転のときのみ共通性の図示が必要かというと，直交回転は因子同士の相関を仮定しない，すなわちそれぞれが独立していると仮定しています。したがって第1因子からの影響と第2因子からの影響を独立して計算できますので，共通性による因子内（第1または第2）の値の意味がでてくるのです。しかし斜交回転の場合ですと，第1因子と第2因子の関連があることを前提としていますので，それぞれの影響を独立して示すことが困難なのです。

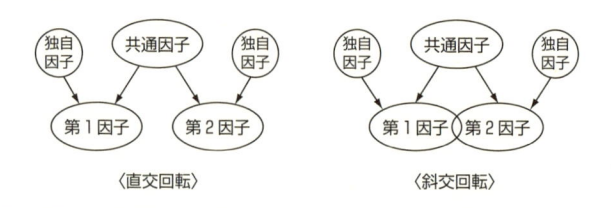

〈直交回転〉　　〈斜交回転〉

いかがでしたか？ これでもう因子分析は怖くなくなったでしょう。最後に因子分析を行なう際のフローチャートを載せておきます。この章を参考にしながら皆さんが因子分析できるようになってくれたら幸いです。

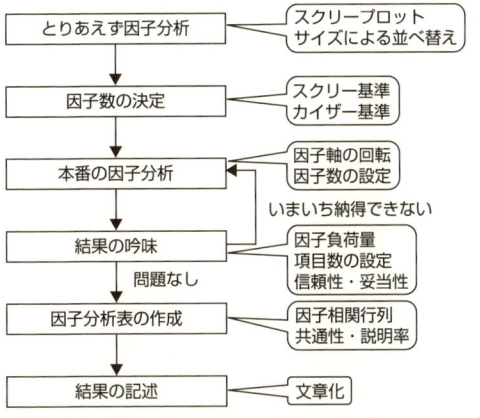

第6章 因子分析——背景の要因を探したい

```
┌──────────────────┐      ┌──────────────────┐
│ とりあえず因子分析 │─────▶│ スクリープロット      │
└──────────────────┘      │ サイズによる並べ替え  │
         │                └──────────────────┘
         ▼
┌──────────────────┐      ┌──────────────────┐
│ 因子数の決定      │─────▶│ スクリー基準        │
└──────────────────┘      │ カイザー基準        │
         │                └──────────────────┘
         ▼
┌──────────────────┐      ┌──────────────────┐
│ 本番の因子分析    │◀─────│ 因子軸の回転        │
└──────────────────┘      │ 因子数の設定        │
         │         いまいち納得できない
         ▼                └──────────────────┘
┌──────────────────┐      ┌──────────────────┐
│ 結果の吟味        │─────▶│ 因子負荷量          │
└──────────────────┘      │ 項目数の設定        │
         │ 問題なし        │ 信頼性・妥当性      │
         ▼                └──────────────────┘
┌──────────────────┐      ┌──────────────────┐
│ 因子分析表の作成  │─────▶│ 因子相関行列        │
└──────────────────┘      │ 共通性・説明率      │
         │                └──────────────────┘
         ▼
┌──────────────────┐      ┌──────────────────┐
│ 結果の記述        │─────▶│ 文章化              │
└──────────────────┘      └──────────────────┘
```

図 6-26　振り返り：因子分析フローチャート（How to try）

索引

■あ行
アスタリスク（*）　9
アルファ（α）　9
1要因　30
因果関係　2
因子　33
因子相関行列　112, 114, 119
因子負荷量　111
因子分析　2, 101
F検定　25, 26

■か行
回帰分析　2, 87
カイザー基準　107, 109
χ^2検定　2, 11
仮説　2, 8
間隔尺度　2
期待度数　15
帰無仮説　8, 31, 37
共通因子　102, 122
共分散分析（Analysis of Covariance: ANCOVA）　31
寄与率　118
許容度　95
クロス集計　13
クロンバック（Cronbach）のα係数　115, 116
欠損値（データの欠落）　14
検定　8
ケンドールの順位相関係数　72
交互作用　43
5件法　6

■さ行
最小二乗法　119
残差　15
3要因　30
質的データ　1, 2

質問紙　119
斜交回転　114, 120, 122
重回帰分析　2, 87
従属変数　46, 89
自由度　25, 35
主効果　35
順序尺度　2
信頼性　118
信頼性係数→クロンバックのα係数
水準　30
スクリー基準　107, 109
ステップワイズ法　97
スピアマンの順位相関係数　72, 80
正規分布　15, 71
説明変数　89
セル（cell：細胞）　14
先行研究　4
相関行列（相関マトリックス）　74
相関分析　2
相関マトリックス→相関行列

■た行
TurkeyのHSD法　34, 48
Turkeyのb法（WSD法）　48
第一種の過誤（type I error）　9
対象（サンプル）　20
対象者数（N）　41
第二種の過誤（type II error）　9
対立仮説　8, 31, 37
ダガー（†）　9
多重比較　33
妥当性　118
単純主効果検定　51, 59
直交回転　112, 113, 120, 122
t検定　2, 19, 26
t値　25
データ（data）　1
独自因子　102, 122

独立変数　30, 46, 89
度数分布表　5

■な行
2要因　30

■は行
バリマックス回転　114, 120
ピアソンの（積率）相関係数　71
ヒストグラム　7
標準化　15
標準化残差　15
標準誤差　23
標準偏差　15, 23, 41
比例尺度　2
VIF　95
プロマックス回転　114
分散　15, 23
分散分析
　　（Analysis of Variance: ANOVA）

2, 19, 30
平均値　6, 41
ベータ（β）　9
変数　5
変数名　5
偏相関分析　82
母集団　20
Bonferroni法　34, 42

■ま行
名義尺度　2
目的変数　89

■や行
有意確率（p）　8, 25
要因　30, 33

■ら行
量的データ　1, 2
累積寄与率　108

【執筆者紹介】

米川和雄（よねかわ・かずお）
　　久留米大学大学院心理学研究科後期博士課程単位取得満期退学　博士（心理学）
　　特定非営利活動法人エンパワーメント理事長
　　現　在　帝京平成大学現代ライフ学部人間文化学科　講師
　　　　　　（社会福祉士，精神保健福祉士，2級キャリア・コンサルティング技能士，指導健康心理士，専門社会調査士）
　〈主著〉
　　スクールソーシャルワーク実習・演習テキスト　北大路書房　2010年
　　学校コーチング入門―スクールソーシャルワーカー・スクールカウンセラーのための予防的援助技術―　ナカニシヤ出版　2009年
　　精神障がい者のための就労支援　へるす出版　2017年

山﨑貞政（やまさき・さだまさ）
　　久留米大学大学院心理学研究科前期博士課程修了（臨床心理学修士）
　　現　在　株式会社インフィニット・イノベーションに所属し，クライアント企業へデータ分析に基づく意思決定・業務改善支援を行っている。

超初心者向け SPSS 統計解析マニュアル
統計の基礎から多変量解析まで

2010年 3 月30日　初版第 1 刷発行	定価はカバーに表示
2019年10月20日　初版第10刷発行	してあります。

著　者　米　川　和　雄
　　　　山　﨑　貞　政

発行所　㈱北大路書房
　　　　〒603-8303　京都市北区紫野十二坊町12-8
　　　　電　話　(075)　431-0361 ㈹
　　　　Ｆ Ａ Ｘ　(075)　431-9393
　　　　振　替　01050-4-2083

ⓒ 2010　印刷・製本／創栄図書印刷㈱
検印省略　落丁・乱丁本はお取り替えいたします
ISBN978-4-7628-2706-8　　　　　Printed in Japan

・ JCOPY 〈(社)出版者著作権管理機構 委託出版物〉
本書の無断複写は著作権法上での例外を除き禁じられています。
複写される場合は，そのつど事前に，(社)出版者著作権管理機構
(電話 03-5244-5088,FAX 03-5244-5089,e-mail: info@jcopy.or.jp)
の許諾を得てください。